放射能の人類学

ムナナのウラン鉱山を歩く

内山田康

青土社

放射能の人類学　ムナナのウラン鉱山を歩く　目次

放射能の人類学

ムナナのウラン鉱山を歩く

はじめに

熱帯雨林の中のウラン鉱山跡にやって来る前、私は巨大な原子力マシーンと多様な仕方で連なる方々の海辺を旅した。津波が襲った三陸海岸から福島の浜通りへ、フランスのノルマンディからコタンタン半島へ、別世界となった浜通りから輝きを失った英国のセラフィールドへ、またノルマンディとコタンタン半島へという風に。そこからニューメキシコのウラン鉱山を訪れた後、私は中部アフリカのガボンの奥地に向かった。福島第一原子力発電所は浜通りにあり、目の前の郡山海岸には美しい双葉海水浴場があった。ラ・アーグの再処理工場は野生的なコタンタン半島の先端にあり、海中放出管が隠された美しい浜辺で、私は海から上がってきた女たちや小走りに駆けてゆく少女たちとすれ違った。問題が次々と発生して今では用済みとなったセラフィールドの原子炉群と再処理工場群は、アイリッシュ海に面した異界のカンブリアの海辺にあり、行先不明の廃止措置が続く。巨大な海中放出管がセラフィールド駅の手前で線路を跨《また》いで海の中に消える。二キロ南のシースケールは海辺のリゾートで、遠浅の海は変転する空の色を映し、夏になると海辺で遊ぶ人々で賑わった。ラ・アーグとセラフィールドでは小児白血病の過剰発症が起きて、放射能との因果関係は否定された。

福島第一原発の使用済み燃料は、ラ・アーグで再処理され、マルクールでMOX燃料となり、シェルブールから運ばれて来て、福島第一の三号機に装填された。六ヶ所の再処理工場は、三沢基地のジェット戦闘機が低空で飛び交う海辺にあり、オラノ（旧コジェマ／後のアレヴァ）のラ・アーグの再処理工場から技術的サポートを受けている。六ヶ所村の鄙びた尾駮《おぶち》漁港の近くから、再処理工場の海中放出管が海底を這っている。セラフィールドのコールダーホール原子炉を導入した東海発電所は、北が整備された豊岡海岸、南が季節の花が咲き乱れる国営ひたち海浜公園で、海の中には東海再処理施設の海中放出管が突き出ている。公園の中には「自然の森」が造園され、その自然は女たちと子供たちを惹きつける。腕のいい猟師は、獲物の通り道に罠を仕掛け、あるいは寄せ餌を撒き、罠と自分の痕跡を巧みに隠す。罠は獲物を捕える巧妙なアートであり、流麗なお花畑と「自然の森」は、老朽化した原子力施設と放射性廃棄物が集積したその場所を、おとぎの浜辺に見せる国営の罠だ（cf. Gell 1996）。

私はフランス政府が支配するアレヴァがニジェールで経営する砂漠の中のウラン鉱山を訪れようとした。海辺から砂漠へ。しかし安全上の理由で私はこれを断念して、コジェマがガボンの熱帯雨林の中でウランを採掘したムナナに行くことにした。そこは一九九九年にウランの採掘と製錬を終えて重要性を失っていたから、入りやすいだろうと考えたのだ。

ムナナは亡霊の町、あるいは捨てられた町と呼ばれる。この町は中部アフリカのガボンのコンゴに近い東南部の森の中にある。ムナナを歩くとあちらこちらに不気味な不毛な土地が広がっている。そう遠くない昔、ここは熱帯雨林の中の小さな集落だった。そこはマサンゴと呼ばれていたが、フランス人たちはこの村をムナナと呼んだ。アフリカでウランを探していたフランスの技師たちが一九五三年にやって来てウラン鉱脈を見つけたのが始まりだった。彼らは一九五六年にここで本格的なウランの探鉱を行い、翌年からフランス政府による大掛かりなウラン鉱山開発が始まった。ムナナはフランスが偉大な国となって輝くために、四〇年間に渡ってウランを供給した。ムナナのウラン鉱山群とウラン製錬工場は一九九九年に閉鎖され、フランス人たちは帰国し、ムナナにはウラン鉱山の尾鉱とウラン製錬工場から捨てられた鉱滓が大量に残されている。

ムナナの隣にはモアンダというマンガン鉱山の町がある。ここもフランスの鉱山会社が支配している。この鉱山会社は一九五九年にモアンダからコンゴ共和国のムビンダまでの熱帯雨林の上を通るロープウェイを完成させ、一九六二年にはムビンダとポワント＝ノワール港を結ぶ鉄道が完成して、モアンダのマンガン鉱石もムナナのウラン鉱石もこのロープウェイと鉄道を使ってコンゴ共和国のポワント・ノワールまで運ばれ、そこから船でフランスに輸送された時期があった。ロープウェイは一九八六年に廃止され、マンガン鉱石はこの鉱山会社が新たに建設した鉄道を使ってモアンダからガボンのオウェンド港に運ばれている。

フランスを光り輝かせる国家プロジェクトのために、植民地では大規模な鉱山開発が行われ、それに奉仕するロープウェイや鉄道や道路や町が建設された。これがムナナの夢の近代を支えた仕組みだった。フランスの核開発と原子エネルギー開発は今も続くが、ムナナは不用となり、原子力マシーンから切り離された。除染も再整備も金をかけずに終了したが、人々の生活は続く。

この本は、私が原子力マシーンと呼ぶグローバルな核施設および原子エネルギー施設のネットワークを探索する広範な螺旋《らせん》運動の中で、核物質の流れの最上流に位置するウラン鉱山に接近し、そこまでの道のりと、ウラン鉱山の周囲の生活世界のいくつかの側面を駆け足で、しかし緊密に、記述したものだ。核兵器に使われる濃縮ウランも、原子力発電所で使われるウラン燃料も、最初はウラン鉱山で採掘される。いや。その始まりはもっと前にあった。光合成によって地球の大気中に酸素が存在するようになり、ウランが酸化して水に溶け出し、原生生物によって濃縮されたところから始めなくてはならない。このことは何を含意しているのか?

ムナナにはオクロの天然原子炉があった。それはフランスのウラン鉱山開発によって破壊されたが、これは地球の生命の進化の過程と地殻運動によって造られ稼働し停止した二〇億年前の原子炉群だった。だから私が原子力マシーンと呼ぶ統一体は、二重になっている。一つは原子力産業が想定する人工物の連鎖であり、ウラン鉱山で始まり、最終処分場で終わる。それは地球の時間を含まない人間中心的なマシーンだ。

もう一つは地球の誕生と進化のプロセスに関わる人間以前で人間以後のものだ。両者はウラン鉱山開発と地層処分において交叉している。

だから私は一方で人工的な原子力マシーンの周縁および周縁の周縁を歩き、メトロポリスからは見えない隠された部分を膨張した人間のスケールで見出す作業を続けながら、他方でこの人間の原子力マシーンが、地球の原子力マシーンと出会う場所と時間について、それが断片的であったとしても、与えられた時間の中で可能な限り探索と記述と考察を試みよう。もう行かなくては。

第1章　熱帯雨林の中のウラン鉱山

リーブルヴィル

大粒の雨が地面を激しく叩いている。アスファルトの坂道を水が流れ下る。男が一人、道路の反対側で位置を変えながら雨宿りしている。朝から滝のような雨が降り続いている。リーブルヴィル。今日は二〇一九年九月二九日。ヤニックは一一時に来ると言っていたがきっと遅くなるだろう。八月下旬に日本を出て、アジス・アベバ経由でガボンに来てから一ヶ月が過ぎた。途中でとんぼ返りで四日ほどアジス・アベバに滞在して再びリーブルヴィルに戻って来たからなのか、ガボンにもっと長くいたような気がする。週明けには秋学期が始まる。明日は帰国の途につかねばならない。四年生たちも博士課程の院生たちもフィールドワークを終えて大学に戻って来るだろう。

一年前、私は知り合いがいないコンゴ共和国との国境近くにあるウラン鉱山跡までどうやって入って行けるのか想像もできなかった。私はガボン行きを何度かためらった挙句に、夏休みも、そして春休みも、幾度となく滞在したフランスで調査を続けた。

私は踏ん切りがつかなかったのだ。そうこうするうちに年が変わり、知り合いがいないことには変わりなかったが、私はガボンに行くことだけを決めて航空券を買った。パリ経由だと心も体もフランスの方を向いてしまうと思い、アジス・アベバ経由にした。パリ、ロンドン、ローマなど、ヨーロッパの都市からアフリカへ向かう北から南に向かい北に戻るルートを辿る慣習を打ち消そうとして、私はこれに加えてリーブルヴィルからアジス・アベバへ西から東に向かい西に戻る往復航空券を購入した。アフリカからアフリカへ。私は通い慣れた道の変更が、それに染み付いたパースペクティヴを変えることを期待していた。

ウラン採掘の後にはどんな日常があるのか？　外部の人々が去り、仕事が無くなり、設備が廃止され、放射能汚染が続く日常。私はウラン鉱山が閉じられた後の生活について知るために、七月中旬に二週間ほどニューメキシコ州に滞在した。ガボンのウラン鉱山跡でフィールドワークを始める前に、資料も多く、移動も簡単で、つてもあるニューメキシコを訪れて、学べることは何でも学んでおきたかったからだ。ニューメキシコの乾燥地帯で学んだことが、そのまま中部アフリカの熱帯雨林で役立つとは思えない。だがグローバルな原子力マシーンのネットワークの上の拠点から拠点へと往来する同じ人とモノと技術もあるはずだ。移動の距離は様々だろう。ウラン鉱山や核廃棄物の貯蔵施設で働く下々の人々は、原子力マシーンの周縁に取り込まれ、危険な仕事をして、さほど遠くはない土地に帰る。

私は核開発の様々な役割を担わされた多様な場所を訪れた。第二次世界大戦中に核兵器を製造するために研究者や技術者や下働きのプエブロ・インディアンらが働いたロス・アラモス、ナヴァホ・インディアンの保留地に残された数多くのウラン鉱山跡、新たなウラン採掘予定地、砂漠の地下に掘られた核廃棄物の地層処分場、核廃棄物を暫定的に貯蔵するために買収された砂漠の中の土地。ニューメキシコには世界で最初の核実験が行われたトリニティー・サイトもある。核兵器の開発のためにニューメキシコ北部の山の中に創設されたロス・アラモス国立研究所は、周縁にある原子力マシーンの中心の一つで、ウラン鉱山、核実験場、核廃棄物の保管場と埋設施設は周縁の周縁にある。周縁の周縁にあるこれらの施設は組織が管理できなくなると切り離される。エントロピーを下げるためだ。捨てられた核廃棄物は人類の歴史よりも長く地球上に残る。捨てた核のごみに責任を負わないのだ。

ニューメキシコから戻った私は、ガボンの入国査証を取るためにコンタクトの住所と電話番号が必要だったので、日本とフランスのアフリカ研究者たちを通じてガボン人でコンタクトになってくれる人を探した。三人紹介してもらいそれぞれに連絡をしたが、なぜか電話番号だけを教えてくれたり、住所だけを教えてくれたりで、査証の申請はできなかった。四年前に一年間滞在したボルドーの政治学院（Science Po）のカメルーン人の人類学者が、彼女の友人のガボン人の人類学者を紹介してくれて、ようやく査証の申請ができた。だがこれも一度却下され、二度目の申請をして、出発の朝に入国許可が下りたのだった。

こうして私はエチオピア航空でリーブルヴィルまでやって来た。税関で荷物の検査を受けて出てくると、男が「タクシー？　両替《ショーンジ》？」と声をかけて来た。なぜ彼がそこまで入れるのか不明だった。私は「ノンノン」と言いながら二つのスーツケースを引いて銀行を探した。ＣＦＡフランを持っていなかったのだ。ＡＴＭを見つけて現金を引き出そうとしたがマシンがカードを受け付けない。男は一部始終を後ろから見ていて「俺が両替してやるからタクシーに乗れ。ホテルはどこ？」と言う。私はあきらめて彼のぼろ車の助手席に乗り込んだ。後部座席には、生物多様性の研究をするために昔ガボンで働いていたというアメリカ人がバックパックを両手で抱えて座っていた。

白タクの男がそのアメリカ人に「二〇〇ドル両替する約束だろう?」と言うが、彼は聞き流している。白タクの男は私に「お前が通訳しろ」と言う。「彼はあなたが二〇〇ドル両替する約束をしたと言っている」と私が言うと、「それは言っていない。私は半年もアフリカを旅したからドルは持っていない」と言い訳するので、私は白タクの男の方を向いて「それは誤解だったんだろう」と言ってそれきりになった。このような会話では状況的な事実は重要ではない。重要なのは意図だけだ。

そのアメリカ人は空港近くのホテルで降りて五〇〇〇フラン払った。白タクでも定額料金を払うようだ。私は男に二〇〇ユーロを手渡し、彼は私の目の前の小物入れを開けた。そこにはよれよれのCFAフランの札束とユーロやドルの紙幣が入っていた。彼は一万フラン札を一三枚よこした。レートは一ユーロが六五〇フランだ。二〇〇ユーロで一二〇〇フラン損するが、ATMが使えなかったから仕方がない。(九月三〇日に空港のキオスクで、ムスリム商人に一六万フラン渡したら二〇〇ユーロになった。一ユーロが八〇〇フランだ。白タクの男はこんな商人にユーロを売っているのだろう。)白タクの男は自分のことをムッシュー・ジョゼと言った。彼はコンゴ共和国のブラザヴィルから一八年前にここに来た。ブラザヴィルでは金が稼げないからだ。リーブルヴィルでは稼げるのかと聞くと、ここには金も機会もあるという。私がジョゼのこれまでのことを聞くうちに彼はだんだん陽気になって家族のことなどを話し始めた。

この街はレストランもホテルも料金がとても高い。だから私は官庁街にいる時は土産物や手工芸品の店などが入った「職人の村」のテーブルのない食堂で昼食を食べた。何か用事があって昼食時に行けない時は、早めの夕食を食べに行った。気取ったレストランでは誰も話しかけてこないが、この食堂ではおしゃべりができるし、メニューの値段はレストランの五分の一だ。知り合いがいなかったから、私はそこに毎日通うことにした。

ガボンに着いた翌日、私はリーブルヴィルから六五〇キロ離れたフランスヴィルまで可能な限り早く行くために、オウェンド駅に出かけた。ガボン滞在が一ヶ月しかないので、出来るだけ早くウラン鉱山があったムナナまで行きたかったのだ。しかし焦りは禁物だ。フランスヴィルまで行ったら、次は五〇キロ離れたマンガン鉱山の町モアンダに移動する。そこから二五キロ離れたムナナまで通う手段はあるだろうか？泊まれる場所が見つかればムナナで寝起きするつもりだが、見通しは立っていない。遠い道のりを想いながら、まずは近い目標に辿り着くことに力を尽くすしかない。

週に六本出ている夜行列車の座席を予約するために、私はタクシーを止めて駅までいくらかと尋ねた。すると運転手が怒り出した。後ろの席では女の客がじっと座っている。ここではタクシーが止まったら値段を言ってから行き先を伝える。「一〇〇〇フラン。ンボロ（ショッピングセンター）」という具合に。値段が合わなければタクシーは行ってしまう。私はそれを知らずに車を止めてから行き先を伝え、運転手にいくらだ？　と聞かれても、いくらだ？　と聞き返して交渉を開始したので、彼は怒り出したのだった。私は先を急ぐタクシーを不必要に止めていたことに気づき、急いで助手席に乗り込んだ。駅は遠いし警察がいるから安くできないと彼は怒鳴っている。（私はモアンダまで辿り着いた九日後にその意味を理解した。）私が値切るのをやめて四〇〇〇フランで合意したら、彼は港近くの真新しいビルを指差して、これは木材を輸出する中国の会社だなどとランドマークをいくつか教えてくれた。ほとんどが中国の企業のビルだった。彼は名をセルーと言って赤道ギニアから来ている。

夜行列車

一九八六年に開通したトランス・ガボン鉄道は、フランスの鉱山会社エラメットの子会社のCOMILOGがモアンダで採掘するマンガンを輸送するために建設された。マンガンだけでなく熱帯雨林で伐採された木材もこの鉄道を使ってオウェンド港まで運ばれている。フランスの原子力庁（CEA）が創設したコジェマの子会社COMUFのイエローケーキも鉄道で運ばれたようだが、ムナナにはウラン製錬工場があり、ウラン鉱石を輸送するのではなかったから、量的にはマンガンと木材が圧倒的に多かった。旅客を乗せてオウェンドとフランスヴィルの間を週に六往復する夜行列車は、天然資源を収奪するために建設されたインフラストラクチャーに依存している。

一九五九年からトランス・ガボン鉄道が開通する一九八六年までの間、マンガン鉱石はモアンダからコンゴ共和国のムビンダまで熱帯雨林の上を通したロープウェイで運ばれた。一九六二年にコンゴ・オセアン鉄道が完成すると、ムビンダからポワント＝ノワール港に輸送された。この大規模なインフラストラクチャーを建設する過程で、古い村の住民は移住させられ、新しい町が計画的に建設され、景観は変わり、外部の人々が流入して、ポワント＝ノワール港まで続くひと連なりの村や町が出現した（Villien-Rossi 1978）。一九八六年のトランス・ガボン鉄道の開通と同時にＣＯＭＩＬＯＧはロープウェイを廃止して、天然資源の流れはモアンダからオウェンド港に向かうルートに切り替えられた。

マンガン鉱石の輸送のためにこの鉱山会社は、モアンダとムビンダの間の小さな村々を破壊して新しい施設と居住地区を建設したが、これらの村と町もまた廃止されたインフラストラクチャーと共に放棄された。フランスが支配するこれらの鉱山会社はとてつもない権力を持っている。私が向かおうとしているムナナでは、フランスの核開発に必要なウランを供給する目的のために、一九五六年に鉱山開発と町の建設が始まり、ムナナは管理職の居住地区にフランス人が住むモダンな町となったが、コジェマは一九九九年にガボンのウラン採掘を終了して、町は放射能で深く汚染したまま放棄された。

オウェンド駅の窓口には長い行列ができていた。列の一番後ろに並ぼうとすると、セルーは駅舎と広場を繋ぐ階段に座っていた黄色いベストの男のところに私を連れて行った。フランスヴィルに行く切符を買いたいと男に伝えると、彼は携帯電話で誰かと話してから一等旅客のラウンジに入り、出て来ると私に「待ってろ」と言った。セルーも私も手持ち無沙汰に待ち続けた。黄色いベストの男は階段に座ったまま電話で話していたが、私を手招きして「中で切符を買え」と言った。「あのオフィスの中か？」「そうだ」。

冷房が効いた薄暗い部屋の中では、人々が静かに順番を待っていた。客に対応していた男と女のうち男の方が私に目配せした。私は空いた席に座って待った。その男が手招きした。切符には五万六三〇〇フランと印刷されていた。「カードはだめだ現金だ」と言われてお金を渡すと、お釣りが七〇〇フラン足りなかった。差額はコミッションなのだろう。こうして私は荷物係の男に導かれるままにフランスヴィル行きの切符を手に入れた。

黄色いベストの男は私がその日の朝に手に入れたばかりの携帯番号と通話できることを確かめてから、「列車に乗る二時間前にここに来い、スーツケースを預けるのは俺にまかせろ」と言った。私は男に二〇〇〇フラン手渡して駅を後にした。セルーに男の名前を聞いたが、彼は知らなかった。セルーは「金曜の一四時半に電話しろ」と私に言った。

　四日後の九月六日一四時半。セルーは電話に出ない。ホテルの受付でタクシーを呼んでくれと言うと、「電話で呼ぶより早いからついて来て」と言いながら女は通りに出て手を上げタクシーを止めて「二〇〇〇フランでオウェンド駅まで」と言った。運転手が頷くと「途中で客を乗せずに駅までまっすぐ行って……まっすぐ」と念を押した。その流れるような所作と的を射た言葉。見事だ。黄色いベストの男やこの女のような卓越した仲介項を知らなければ、今の私はなかなか先には進めないだろう。

　一七時四五分。列車は一五分前にオウェンド駅を出発した。黄色いベストの男が私を見つけて要所要所で指示を出してくれたので全ては滞りなく進んだ。キオスクに水を買いにゆくとムスリム商人が二種類の五〇ユーロ札を出して私に同じかと聞いた。どちらも五〇ユーロだと言うと彼は黙って札を引っ込めた。列車は東に向かう。私の座席は後ろ向きだから、最後の輝きを放つ太陽が目に眩しい。乗客たちは長袖のトレーニングウェアやパーカーを羽織っている。私は長袖の登山用のジップアップを着ているが寒い。

　一八時過ぎ。線路の南側には工場群が広がっている。そこを過ぎると列車は森の中を走る。貧弱な木が多く、大木は残っていない。木々の間にバナナが植えられている。

一八時三〇分。日はすでに沈んでいる。暗くなった川で子供たちが泳いでいる。砕石運搬用の貨車の傍を通り過ぎる。黒く細かな砕石が積まれている。マンガンだ。寒いので長袖をもう一枚ジップアップの下に着込む。ネットワークの圏外。女の車掌が検札に来た。黒いコートを着て、革のブーツを履いている。フランス風の憲兵警察が車掌を護衛している。

三時五〇分。ムヤビ駅の手前で停車。輸出が禁じられているケヴァジンゴ（kevazingo）がこの辺りで伐採され、中国の企業が偽の書類を使ってオウェンド港から輸出しようとした木材のコンテナを税関が二月下旬に差し押さえた。しかし不思議なことに三五三ものコンテナはその後どこかに消えた。三ヶ月後に副大統領と森林大臣が解雇された。だが黒幕の中国人ビジネスマンは捕まらないし、不正を働いた会社の名前も報道されない（BBC 2019, France 24 2019）。ここもネットワークの圏外。昨日の朝、カフェでヤニックと話したことを思い出す。「ねえ教授。そんな風に仕事して家族はどうなんだ。ムナナで調査している間に妻が別の男のところに去ってしまったんだ」。ヤニックは原子物理学の博士論文を提出したばかりの三四歳で私より二九歳若い。彼の論文を読んで連絡したら会いに来たのだ。「僕は君よりも若い頃にこんな風にして遠くに行っていたら恋人が隣人と結婚してしまった」。ヤニックは笑って頷く。「隣人はいつも隣にいるからね」。列車は走る。窓の外に闇が広がる。そう。それは仕方がないことだ。そのために人生は変えられない……。

五時三〇分。ここはどこだ？　ネットワークに繋がっている。コンクリートの新しい家のベランダに裸電球が一つ灯り、女が一人立っている。列車から降りる誰かを待っているのか？　道路は舗装されていて、道の彼方にも明りが見える。ラストゥルヴィル。ここには木材を伐採する中国の会社がある。

五時四五分。列車は駅を出て薄暗い緑の中を走る。夜が開け始めた。こんな景色は見たことがない。樹齢を重ねた木々のシルエットが聳《そび》え立つ。鉱山が開発されるのでなかったら、木材を伐採して運び出すのでなかったら、誰がこんな奥地まで来るだろう。

病院の廃墟

ポトポト市場近くの丘の上のすえた匂いが纏わりつく旧総合病院の中。私は壁で仕切られた建物の中の階段を上り下りして暗い廊下を歩きながら、迷路から出る方法を考えていた。ゴミが捨てられた中庭に差しかかり、ここを横切れば出口に通じる別のルートに入れるかもしれないと思い、私は二つのスーツケースの一つをそこに置き、注射針を踏まないように気をつけながら中庭を横切って荷物を降ろし、再び中庭を横切って残してきたスーツケースを持って中庭を渡り、廊下をまっすぐ行った先にようやく出口を見つけた。しかし扉を押しても鍵が掛かっていて外には出られない。私は元の場所まで戻り、まだ試していない階段と廊下の組み合わせを通り、誰かが使っている痕跡が残る出入り口を見つけて外に出た。そこは少し前に「良い一日を」と言われてタクシーを降りた場所のすぐ近くだった。

私は前の年にフランスのカーンでスーツケースを引いて砂利道を歩くうちに車輪が壊れたことを思い出し、二つのスーツケースを両手に一つずつ持つことにした。先はまだ長い。だだっぴろい土の駐車場を横切り、赤茶色の未舗装の道を北東に向かって少し歩き、東西に走る舗装道路に出た。流れる汗のためにTシャツもズボンも内側が濡れて体にへばりついていた。しかし私は涼しげな顔を保ち、心身二元論のモードに切り替えてこの偶発事を乗り切ろうとしていた。坂を登るとポトポト市場の方へ行くから坂を下りて左手の自動車修理工場を通り過ぎてハスの花が咲く沼を過ぎるとホテルの入り口があった。右手にはオゴウェ川の支流パッサ川の茶色い流れが迫っていた。

リュックを背負い、パソコンバッグを肩から斜めに掛け、両手にスーツケースを持ち、道すがら人々に道を聞きながら汗だくになってここに辿り着いたのは昨日の昼過ぎだった。ヘッドホンをした若者に完璧に無視された以外は、自分はフランスヴィルの住人じゃないから知らないんだと言い訳する男、洗濯の手を休めて立ち上がって道を教えてくれた女など皆とても親切で、三人がホテルまでの道のりを身振りを交えながら教えてくれた。私は身体の次元では余裕を使い尽くしていたが、運動的認識の次元では比較的容易にここまで来ることができた。門を潜ろうとすると、色の異なる二匹のトカゲが間隔をおいて佇んでいた。トカゲたちは私との間合いを測るように少し進んでは止まって頭を上げ、また少し進んでは止まって頭を上げて様子を窺い、また少し進んで沼の方に姿を消した。

今日は二〇一九年九月八日。リーブルヴィルに着いたのは先週の日曜日だったから私は一週間かけてやっとフランスヴィルまで来た。ここで体を慣らしてからモアンダまで行き、そこで体を慣らしてからムナナに行くつもりだが、この先どうなるか見当もつかない。

昨日の朝、列車は二時間遅れて朝九時半過ぎにフランスヴィル駅に到着した。しばらく駅の外で待った後、荷物を引き取るための別の入り口で警察にパスポートを慎重に調べられてから構内に再び入り、プラットホームに並べられた荷物の中から自分のスーツケースを二つ見つけ出して、たくさんの車と人が集まって来た駅前に降り立った。男が「タクシー?」と聞くのでホテルの名前を告げていくらと聞いたが、何も答えずに私のスーツケースを一つ引いて自分の車に向かってどんどん歩いた。二度三度聞いても男は何も答えずに進むので、私は男からスーツケースを取り返して、別の運転手に「二〇〇〇フランでオテル・ラ・パッサ」と言った。私は前日にオンラインで聞いたことのないアフリカの旅行代理店を通じて四泊分の料金を払い込んでいたので、そのホテルの写真を見せたが運転手は知らないようだった。近くにいた女が写真を見て、それは昔の総合病院だと言った。総合病院なら知っていると若い運転手は頷いた。

私は車のトランクに二つのスーツケースを積み込んで助手席に乗り込んだ。

　彼の車は古いトヨタのカローラだ。ダッシュボードにはソニーのオーディオが誇らしげに嵌め込まれ、ＵＳＢメモリが差し込まれている。静かに話すその運転手は客を探すために再び駅の方に戻り、大きな荷物をいくつも運んで来た。彼の後から若い母と小さな男の子が来た。運転手はトランクに女のスーツケースを詰め込んでから運転手の後ろの席に大きなクーラーボックスを積み込み、その上に大きな段ボール箱を乗せた。残ったスペースに男の子と女が座ろうとしたが、料金でもめている。若い女は興奮して怒鳴っているが、運転手は「荷物がこんなにあるんだから二〇〇〇フラン二〇〇〇フラン」と説明している。私は怒鳴りながら主張を通そうとする人たちをすでに見ていたので、これはよくあるパターンの一つだと考えた。女は一度乗りかけた後部座席から降りる素振りを見せたが、たくさんの荷物を降ろすわけにもゆかず、小さな息子と再びタクシーに乗り込んだ。タクシーは走り出した。カメルーンの歌手シャルロット・ディパンダが歌うボズィンベア（Bodimbea）の張りのある声が流れる。彼女の歌はガボンでも流行っているようだ。フランスヴィルは幾つも連続してうねる丘の上に広がっているから道は弧を描いて登ったり下りたりする。運転手は地元のリセを出てからセネガルやカメルーンなど西アフリカ各地で働いていたという。だから彼の話す言葉は語彙が多様だ。

後ろの席の若い女と小さな息子は私の行き先と同じ方向にある家に向かった。タクシーはアスファルトの道を外れて赤茶色のダートロードに入った。白いブラウスと黒いスカートを着た若い女が小さな男の子の手を引いて土の坂道を登って来る。後部座席の女がその女に向かって叫んだ。タクシーの乗客に気づいた女の顔は笑顔に変わり何か叫んでいる。タクシーは深く抉れた轍を避けながら赤土の道をくねくねと進んだ。ランドローヴァーの残骸が放置されていた。使えるものはもう何も残っていないだろう。私はＬＳＥの人類学者だったジェームズ・ウッドバーンがタンザニアに残して来たという古いランドローヴァーを想像した。後ろを振り返るとさっき坂を登って来た女が子供を抱えてタクシーを追いかけて来る。「家はそこ」と女が言った。家では何人もの人々が二人を待っていた。タクシーは注意深く庭先の坂を下る。家のマダムらしい豊満な女が出て来て若い女と抱擁する。男たちはテラスに座ったままそれを見ている。女の後からタクシーを降りて来た小さな男の子に皆が次々と声を掛けるが、彼は誰とも目を合わせずに恥ずかしそうに立っていた。男の子は誰とも面識がないようだった。私は連想する。ヤニックの母はサング、父はミツォゴで、ヤニックはサングを話す。ガボン北部の父系制のファンとは反対に、南部の人々の多くは母系制で子供たちは母方の親族と住んで母親と同じ言葉を話す。

私は廃墟のような総合病院跡でタクシーを降りた。正面から建物の中に入ったが、中が仕切られていて、廊下は行き止まりになっていた。別の廊下を進んでみるがやはり行き止まりになっていた。私は正面玄関を出て、舗装されていない道路を二つのスーツケースを持って歩き、建物の裏側に回ると小さな食堂のような部屋の扉が開いていて、そこにいた男女がホテルへの行き方を教えてくれた。女が階段まで案内してくれて「エレベーターはないからその荷物を持って五階まで登るしかないよ」と同情するような顔で言った。私は礼を言って階段を踏みしめながら五階まで登って廊下に出た。建物は汚い上にひどい匂いがした。どこがレセプションなのか分からない。寝間着姿の女が廊下に出て来たのでレセプションはどこかと聞くと、眠たそうな顔で長い廊下の一番外れを指差した。二つのスーツケースをごろごろ引いて廊下の端まで来ると一番奥の部屋がレセプションで、その手前の部屋が食堂らしい。鍵が閉まっていて中には誰もいない。椅子を見つけてきて廊下で待つが誰も来ないので、私はここには泊まらないと決心した。こんな場所に居たら誰とも出会えないだろう。私は両手にスーツケースを持って目の前の階段を降りて迷路に入り込んだのだった。

全てはゆっくりにしか進まない

オゴウェ川と町の西で合流するパッサ川の辺《ほとり》のオテル・アピリィに滞在した四日間、私はフランスヴィルの町を歩き回り、地元の人たちで賑わう食堂で彼らを真似て同じもの食べ、出会った人々からモアンダに行く方法とムナナの様子について聞いた。ムナナは終わったと皆が言う。人々は仕事が無くなり放射能汚染だけが残ることに失望しているのか？　核エネルギー開発がもたらすはずだった未来が終わったことを証言しているのか？

九月八日の朝、私がホテルの中庭のテラスで朝食を食べていると、隣のテーブルの男が話しかけてきた。彼は家族と週末を過ごすためにラストゥルヴィルから来ていた。木材を伐採する会社で働いているという。彼にモアンダで泊まれるところを知らないかと尋ねると、携帯電話で友人と話してからオテル・ベノエが良いと言った。子供たちが次々とテラスに出て来た。女が二人に男が五人。最後に妻が出て来た。家族は全員で一台の車に乗ってラストゥルヴィルに帰って行った。明日は月曜日だ。閉まっていた通りのシャッターも開くだろう。中国の会社の森林伐採があの家族の遠出を支えている。私もどこかでその連鎖に連なっている。

月曜日の朝、私は長距離用のタクシーを呼んでもらい、前日教えてもらったモアンダのホテルの部屋を見てからムナナの広場まで行ってフランスヴィルに帰って来た。車は制限速度よりも速いスピードで走り、オテル・ベノエまでの六〇キロとムナナまでの二一キロの往復一六二キロを三時間で戻って来た。ホテルの人たちがもう帰って来たのかと驚いた。乗合バスで行ったら帰りは夜になっていただろう。だが私はそうしなかったことを密かに悔いている。ムナナの手前が通行止めになっていて山の中に迂回した以外、モアンダとムナナの間の道は良かった。それは当然だ。ウランが運ばれていたのだから。途中に検問所が二つあり、運転手はその度に書類を持って降りた。

大急ぎの行程だったから情報は限定的だが、私は地図からは知ることができない幾つかの経験的な事実と走行中の位置の変化に応じて刻々と変化しながら動く景観を記憶に刻み付けた（Gell 1985）。ベイトソンは「二つの記述は一つの記述よりも良い」

と書く（Bateson 2002 : 63）。三つの記述は二つの記述よりもさらに良い。私はこの作業を続けていた。だが世界を知るためにはどこまでも歩き回るのではなく、何度も立ち止まり、存在の気配に、その佇まいに感覚を澄まさねばならない。私にはそれがどこまでできるのだろう？

火曜日の朝、ブルージーンズに白い半袖シャツを着て黒いサングラスを掛けて青いモカシンを履いた腹の突き出た男が二人の憲兵警察を伴ってやって来た。彼はスーツを着た男とテラスで落ち合い、四人でカフェオレとオムレツの朝食を食べ始めた。男は食事の手を止めてスマートフォンでしきりに話していた。二人の若くて細身の憲兵警察は何も言葉を発しない。少し離れたテーブルでは、粗末な身なりの運転手が彼らを待っていた。白シャツの男が立ち上がり、二人の憲兵警察とスーツの男も立ち上がった。運転手は遅れて立ち上がり、白シャツの男のテーブルに残された二本の冷えたミネラルウォーターの一本の残りをごくごくと飲んで駐車場に急いだ。白いシャツの男はこの町の警察署長でスーツの男は近隣の町の町長だという。この後に入って来た地位のありそうな男もミネラルウォーターを一本持って来させてグラスに少しついで飲むと、冷たい水がほぼ残ったペットボトルをテーブルに残して出て行った。これが粋な振る舞いなのだろう。私は食堂から飲みかけのミネラルウォーターを持ち帰るし、今テラスに持って来ているのは近くのキオスクで昨日買ったものだ。

無線機と書類カバンを持ちスーツ姿の小柄な男が隣のテーブルに座り、護衛を雇わないかと私に尋ねた。私はビジネスマンではなく人類学者だから護衛は要らないと答えた。ここには護衛を雇うような人たちが泊まっているようだ。さっき小綺麗な若い女たちと後ろめたさのためなのか数メートル離れて出て行ったスポーツシューズの中年の男たちも偉そうに見えた。

私は昼になると地元の人々で賑わう食堂に入り、誰かが美味しそうに食べている料理と同じものを注文し、店のパトロンや左右の席に座る客たちの口をついて出る話に耳を傾けながら無知な質問を繰り返した。私は外国人だから彼／女らは、私に理解させようとしていろいろ説明を試みる。だからそれは暗黙知を前提とした会話ではなかったけれど、私はこんな風にしていろんな話を聞きながら言わずもがなの前提を知る。これは旅を続けるためのスキルでしかないのだが、その先に何かが偶発的に起こるだろう。

ある食堂で焼き魚と一緒にベージュ色の大きな塊を注文している人がいたので、私は蝿の群れに襲われながら焼いたスズキと共に想定していた米ではなく、餅のように粘り気があり微かな酸味のあるマニオックを食べた。また別の食堂ではカメルーン出身のパトロンが自分の家の味と全く同じだと自慢する名前の分からない魚の料理と一緒にマニオックを食べた。私は腹の調子が徐々に悪くなりつつあった。魅了されて冒険する私の意識や初めての場所を歩き回る私の身体に比べると、私の腸内環境は周囲の環境に適応していない。こんな時、世界は見かけとは異なる姿を垣間見せる。それに気づけるかどうかが問題だ。

二〇一九年九月八日の日記に私は次のように書いた。「病院の廃墟に四日も泊まるなど緊急事態でなければ願い下げだ。ここにはいろんな人がいてあちこちで話すことができるが、廃墟のようなホテルには人がいない。……明日はフランスヴィルの駅に行って一九日のリーブルヴィル行きの列車の予約をする。次にモアンダへ行くためにタクシーを探す。全てはゆっくりにしか進まない。明後日モアンダに行ければ良いし、難しかったら明々後日に行ければ良い……」。日々の出会いの中で想定も変わる。ここは居心地が良いが、長居をしていたら動けなくなる。私は先に進もうと決心した。しかしどこかで立ち止まらなければどこにも辿り着けない。

私は九月一九日にフランスヴィルではなくモアンダからオウェンド行きの夜行列車に乗り、切符を買うときに言われたように前もって二つのスーツケースを預けるのではなく直接車内に持ち込んだ。ムナナで親しくなったケヴィンがその方が早いと教えてくれたのだ。私はこの先も幾通りもの歩き方を試みた。内在する不確定の縁が大きいほど進化の可能性が拡がるからだ（Simondon 2005）。

九月一一日の朝、私は長距離用のタクシーでモアンダに移動した。同行した運転手の兄がムナナのウラン鉱山で働いていた人たちの多くが肺癌になったことやムナナの町が放射能で汚染されていることを教えてくれた。プティタクシーと呼ばれる乗合タクシーとは違い、このような貸切のハイヤーは車両が新しい。モアンダのホテルに着くと、私はムナナに二度目の下見に出かけることにした。

見るものと見られるものが交叉する

一一時過ぎにオテル・ベノエに着くと、私は部屋の机を一つしかない照明の下に移動しようとしてその石のような重さに驚いた。これは森のケヴァジンゴの大木から作られたに違いない。セドリックから電話があり、一二時に行くと言ったが一七時頃になると言う。彼はヤニックの友人で、地質学の博士論文を書き上げて、審査を待ちながら生活のためにモアンダの建設現場で働いていた。私は夕方までホテルで無為にセドリックを待つのではなく、ムナナに行ってみることにした。自分の身体を通してその場所を知るのでなければ、私は他者の経験に依存してムナナについて知ることになる。それでは他者が経験するムナナと、私が経験するムナナが、異なるムナナでありながら、同じムナナであることを解り得ない。眺望では感覚の巻きつきが起こらない。

　私は赤土の中庭を横切り、経営者のマダムが居るオフィスの扉をノックした。冷房が効いた部屋の中で栗色のかつらを被り黒縁の眼鏡を掛けてワンピースの上から赤いカーディガンを羽織ったマダムは、知り合いの運転手らに電話で聞いてくれたが皆フランスヴィルに出払っていた。部屋にいた男が携帯電話で誰かと話してから私に言った。「タクシーは三〇分後に来る。片道が五〇〇〇フランだ。向こうで時間を過ごすなら、いくらになるか交渉してみろ」。

　マダムが昼にオフィスを閉めて出て行った後、中庭に次々と車が入って来た。彼らはレストランに入ってゆく。このホテルはそこだけ針葉樹林に囲まれたモアンダの庁舎の隣にあり、入り口の近くには現大統領とその父の前大統領の政党であるガボン民主党（ＰＤＧ）の事務所がある。丘の上の庁舎へ続くヨーロッパの風景から移植したようでありながら何かが違う針葉樹林の並木道は、独立後のガボンの近代化がフランスのアフリカを意味する「フランサフリク」の性格を帯びていたことを体現しているように見えた。太陽が照りつけて暑くなってきた。ようやくおんぼろのタクシーが来た。一万二〇〇〇でムナナに行って町を見てから戻りたいと言うと、運転手は険しい顔をした。「二つの検問所で警察に一〇〇〇ずつ取られて四回取られたら四〇〇〇だ。片道七〇〇〇。町を見て戻るなら二万」。「二万？　俺は乗らない」。「じゃあいくらだ？」「一万八〇〇〇」。「乗れ！」。

彼は名をシメズと言って一九九六年にナイジェリアからガボンに働きに来た。それはウラン鉱山が閉まる三年前だ。当時シメズはまだ子供だった。彼を受け入れた家族が親切で、彼は地元のリセを卒業して人生の半分以上をモアンダで過ごしている。じゃあもうガボン人なのかと聞くと、俺は一〇〇パーセントナイジェリア人で、妻も子供もナイジェリア人だと力を込めた。シメズはムナナ行きの乗合バスが出る賑やかな通りでタクシーを止めて小さな店に入り、黄色いビニールテープを買って戻ると、前方の左右のドアに貼られた二〇一九年のモアンダのタクシー営業許可番号の上に黄色いビニールテープでバツ印をつけた。ムナナに行くためのトリックなのかと聞くと、そうだと言う。

シメズは憲兵警察の検問所で車を止めて、小物入れから書類と一〇〇〇フラン札を取り出して木の陰に消えた。紺の制服の少し偉そうな雰囲気の女の憲兵警察が現れて、私のパスポートを執拗に調べた。ムナナで何をするのかと聞くので、フランスヴィルの大学のセドリックに会いに行くと言うと、ああ、あの細い男と彼女は言って私は放免された。その時セドリックはモアンダの建設現場で働いていたのだが。

オクロの近くのムナナ警察の検問所はバス停のようなコンクリートの構造物だった。そこに灰色の制服を着た警察官が二人で暇そうに座っていた。シメズは小物入れから書類と一〇〇〇フラン札を取り出して車を出ていった。二日前にフランスヴィルから下見に来た時、検問所の隣の粗末な店の軒から大きな野ネズミが二匹吊り下げられていたが、その日は商品が何もなかった。シメズが戻ってきて、警察がお前を呼んでいると言う。一人の警察官が私のパスポートを執拗に調べた。査証が貼られたページを見て、まだページをめくっている。「俺は喉が渇いているんだ」。今日は暑いからと私が言うのを警察官は黙殺した。「俺はコカが飲みたいんだ」。もう一人が頷いた。二人の間には空のビール瓶が置かれていた。レガブの大瓶だ。仕方なく一〇〇〇フラン札を手渡すと警察官はパスポートを突っ返して微笑んだ。

一昨日フランスヴィルから来た時、私はなぜ警察官に呼ばれなかったのだろう？あの時はぴかぴかの車に乗っていたし、運転手はシメズよりもずっと自信ありげな男だった。シメズは外国人で、車はボロで、モアンダから外には行けないタクシーの許可番号に黄色いビニールテープでバツ印をつけて走っている。立場が弱いから警察につけこまれる。そのシメズが今日の相棒だ。私はなんて幸運なんだろう。

国道三号線（N3）は道路の一部が閉鎖されていて迂回する箇所がある。ウラン鉱山の坑道が崩落したために通れないのだとシメズが教えてくれた。だが崩落事故の情報はどこにも示されていなかった。グーグルマップにもぼかしが入っていて迂回路のある場所を確かめることはできない。

ムナナに着くとシメズは丘の上にあるCOMUFの旧ディレクターの邸宅とフランス人たちが住んでいた住宅が並ぶ《管理職の町《シテ・カードル》》には行かず、丘の下の技術者たちと鉱山労働者たちが住んでいた二つの居住地区、《アンビエの町《カルティエ・アンビエ》》（あるいは家の番号が全て五〇〇〇番台だから《五〇〇〇地区《カルティエ・サンクミル》》とも呼ばれる）と《刷新の町《シテ・レノヴァシオン》》を案内してくれた。彼は露天掘りのウラン鉱山に最も近い《刷新の町》の人々を良く知っているようで、あちこちで楽しげに言葉を交わしていた。《刷新の町》はウラン鉱石と一緒に掘り出された砂岩を材料として建設されたから、放射能で汚染された家がいくつもあった（CRIIRAD 2009）。

《刷新の町》のある通りでピックアップトラックの傍らで男たちが立ち話をしていた。シメズは車を止めて話の輪に加わった。彼が一番楽しげに見える。私も車を降りて、ムナナについてフランスヴィルで聞いてきたことなどを話して、ここの放射能汚染について知りたいと言うと、一人の男がＣＯＭＵＦに行くといいと勧める。私ははぐらかされたように感じた。ＣＯＭＵＦの公式見解が知りたいのではなく、ここに住む人たちが何を知っているかに関心があるからだ。車に戻るとシメズがＣＯＭＵＦに行こうと言うので、私はシメズの機動性には感心したが、「彼らは本当のことを言わないだろう」と感じていたことを伝えると、シメズはそうだと頷き「人々は怖がっている」と言った。シメズは人類学的なセンスがかなり良さそうだ。

彼は露天掘りのウラン鉱山と《刷新の町》の間に造られた誰もいないサッカー場に

私を連れて行った。労働者たちのモダンな住宅とサッカー場の見かけはりっぱだが、見えない放射能で汚染されている。ここはフランスのアフリカ。フランスがガボンでしてきたことをフランスでやることは不可能だ。この二重基準を可能にしているのが秘密だらけのフランサフリクの政治だ。ウラン鉱山を埋め立てた場所に、赤い看板が二つ立っていた。一つには「建設禁止」、もう一つには「耕作禁止」と書いてある。ムナナの湖を見下ろすホテルに泊まれるとガイドブックで読んだのでシメズにそのことを聞くと、客が来ないのでホテルは閉鎖されたという。モアンダに戻る途中の国道沿いには誰かが仕留めた猿が首にかけた紐で吊るされていた。これは肉として売っている。ツェツェバエが媒介する睡眠病のために牛はいない。

私はホテルの部屋で夜遅くまでフィールドノートを書いていたが、下痢がひどくなり、寒気がするので横になった。私はガボンの奥深く入り込み、微生物たちは私の体の奥深く入り込み、見るものと見られるものが、反転し交叉して、外部と内部の区別は失われ、私は穴の空いた袋のようになり、茶色い川が流れてゆく。これをやり過ごせば、私は川からはい上がり、肉の襞の中に異なるエージェントたちを住まわせて、今までとは別の匂いと感覚を纏いながら再び歩き出せるだろう。

第2章　ゴーストタウン

闇の中の廃墟

異次元の激しさで雨が屋根を叩きつける。停電だ。発電機が回りトイレの電気が点灯する。私は夜中に何度も便器に座った。体から出るものが無くなってゆく。私は汚れた便器を洗い、体を洗い、水を飲み、また横になった。便器には便座がついていない。夜行列車のあの新しい車両の便座も壊れていた。私の座席の近くには私の三倍の体重がありそうな女が座っていた。あの規格の尻が座れば便座は壊れるだろう。フランスヴィルのホテルでも便座が変形していた。私は便座のない便器に座り、何度も同じ手順を繰り返して横になった。近くでディーゼルエンジンのアイドリング音が聞こえていた。その音は私が一九八〇年代半ばから後半にかけてエチオピアの高原で乗っていたハイラックスやランドクルーザーの音や振動となって響いていた。音が移動して走り去った。朝か。

一年半前、戦争のために研究が続けられなくなって三〇年後にエチオピアを訪れて一週間過ぎた頃、私は腹の調子が次第に悪くなり、南部の町ジンカでとうとう激しい下痢に襲われた。それから三日間、私は経口補水液だけで過ごした。あの時は活動のペースを落としたが、それでもいろんな場所を見て回り、いろんな人に会い、食べ物を勧められても口にすることができず、ただ椅子に座っていた。宿泊したホテルには水がなく、私はそこで働く少年の一人にお金を渡してバケツに水を汲んでもらった。今は無理をしてはいけない。私はまだムナナに着いてもいないのだから。

中庭から車が次々と出て行く音がした。仕事に出かける時間らしい。昨日の午後、インド人の二人組、フィリピン人の二人組、それに別々に働いているらしいフランス人を二人見かけた。全て男だった。私は体を洗い、窓の鎧戸を開け、ホテルのレストランで紅茶を一杯飲み、パンを少しだけ食べて、部屋で横になった。私は一四時過ぎに起き出してレストランでヨーグルトを頼んだが品切れだった。近くの店で売っていると聞いたので、私は近所を少しだけ探索することにした。針葉樹に囲まれた庁舎とは反対方向に行くとN3に出る。COMILOGの青い作業着に白いヘルメットを被った男たちが自信に満ちた足取りで歩いていた。同じ姿の女が一人こちらに歩いて来る。道路を渡るとでこぼこの赤土の上に古いハイエースを改造したタクシービュスとくたびれた乗用車が何台か止まっていた。「フランスヴィルに行くか？」と男が声をかけてきた。ここからフランスヴィルへ行くタクシービュスが出発する。出入りする車を見下ろすようにして小さな店が並んでいる。その後ろはリセだ。私は一番手前の店に入り、「お腹の調子が悪いんだ」と言いながら冷蔵庫のガラスの扉を開けてヨーグルトと果物ジュースを選び、上の棚からビスケットを一箱、下の棚からミネラルウォーターを一本取り出した。カウンターの中にはコピー機と小さなエスプレッソマシンがあり、電卓の向こうにマダムが座り、夫らしい男が隣で何か作業していた。テーブル席では一〇代の娘がネイルの手入れをしている。オウェンド行きの切符が買いたいから駅までの行き方を教えてくれとマダムに尋ねると、市場の近くにＳＥＴＲＡＧの切符売り場があってそこまで数百メートルだから歩いてすぐだと教えてくれた。そんなに遠くないと聞いて私は行ってみることにした。

途中で道を聞いた人たちは誰もが親切で、身振りを交えてあっちの方だとか、目印を示してそこで曲がれなどと言った。モアンダはマンガン鉱山の町だ。市場に続く道の両側にはフランスの鉱山会社エラメットが支配するＣＯＭＩＬＯＧの住宅が並んでいる。ある通りの住宅群はある形で青、別の通りの住宅群は別の形でベージュという風に、このゾーニングは近代フランスの都市計画の産物だ。少し大きな住宅が並ぶ一画には《管理職の町》の表示があった。ル・コルビジェが一九二四年にフランスのペサックに出現させたあの労働者のための快適な廉価住宅のフランサフリク版らしい。これが姿を現した時は、素晴らしくモダンに見えたに違いない。

市場のある狭い通りには日焼けのために脱色した大きなパラソルがひしめき、その下には様々な商品が時に美的に配置され、物売りたちが客を待っていた。様々な色と大きさのバナナ、マニオック、ヤム、多様な種類の燻製の魚などを売っているのはみな女たちだ。ある店では魚が躍動的に上を向いて円錐状に立ち上がる形で組まれていた。目を惹くように配置された商品たちの魅惑する造形が買い物に来る人々を待ち構えている。ジーンズ、Tシャツ、パンティー、ブラジャー、サンダル、靴、リュックの店が並ぶかと思うと、携帯電話の店もある。マリ、セネガル、ブルキナファソの商人たちの店がある。レバノン商人の店はひときわ大きい。

二〇〇三年に民営化した鉄道会社SETRAGの切符売り場には客がいなかった。ガボンで唯一のこの鉄道会社はCOMILOGが一〇〇パーセント支配している。私は窓口で九月一九日の木曜日、一七時四〇分発のオウェンド行き急行四一二の切符を購入した。オウェンド駅とは異なり長い行列がないので黄色いベストの男のような仲介は必要がない。カウンターの女に二時間前に荷物を預けるのかと聞くと、駅は朝から開いているから朝に荷物を預けてうちに帰り、列車が出る一時間前に来たらいいと言う。駅は町から遠いし、車もないし、それほど簡単ではない。

さっき来た道を戻りながら、道を教えてくれた人たちに礼を言うと、歩道で野菜を売っていた女や、パラソルの下で雑貨を売っていた若い男が「なんでもないよ」と言う。女は笑い、若い男はすました顔をしている。私は次の日も市場を訪れ、何か食べておこうと思い、野菜を売る女から緑色の大きなバナナを買い、市場を通り過ぎ、鉱山会社の社宅が並ぶ通りに入ると、バーの中から年配の女が顔を出して「女はいるか？」と声をかけてきた。私はその隣の店で水を買い、ホテルに戻り、芋のように硬い料理用のバナナを一本食べてから横になった。黄色の小さなバナナを買えば良かった。私はこんな風にしてモアンダで三日過ごした。夕方になると、土で汚れた靴を履き、黄色のベストを丸めて入れた白いヘルメットを片手に持ち、手足が長く、痩せて肌が黒いセドリックが訪ねて来た。彼は博士論文の審査までの間、建設現場で働きながら生活費を稼いでいる。彼は自分のことを「慎ましい生計手段しか持たない男」と呼び、穏やかに話した。

九月一四日の夜、私はセドリックと一緒に、彼が名前を知らない知り合いの男の車に乗ってムナナに向かった。男は車をゆっくり走らせながら延々と話し続けた。検問所には誰もいなかった。車はシメズが行こうとしなかった《管理職の町》へ向かう坂道を登った。男は子供の頃にヴァカンスでムナナに来ていたという。フランス人が《管理職の町》から帰国し始めた頃のことだろう。丘の上からムナナのウラン鉱山と労働者たちの住宅の列を見下ろすことができて、そこには飛び込み台付きプール、テニスコート、バー、レストラン、図書室、遊園地などがあったことを私は後で知った。

山道は暗かった。鉱山のヘッドライトをつけた男と懐中電灯を手にした女が子供たちと一列になって歩くのを車は追い越した。男はCOMUFの娯楽施設があった場所を通り過ぎながら言った。フランス人やドイツ人たちが働き、最新の技術があって、ここはモダンな町だった。週末には人々が集い、歌い、踊り、映画が上映された。（垣間見たのか？　伝聞なのか？）道は緩やかに右に曲がりヘッドライトが茂みの中の廃墟を一瞬照らし出した。男は一人で話し続けた。家々は捨てられ、中には動物たちが住んでいる。悲しいね……。

フランスの核開発とムナナのウラン

《管理職の町》の奥の方へ進むと大きな木々が現れた。アスファルトが所々えぐれた道の両側から背の高い草が迫って来る。ヘッドライトの光がマニオックとバナナが植えられた小さな畑を照らし出した。COMUFのフランス人は、ウラン鉱山やウラン製錬工場よりも高い丘の緑の中に住んでいた。そこに焼畑が侵入している。鉱山労働者たちが住んだウラン鉱山近くの住宅は、家と家が隣接して庭も木もなかった。丘の上の木立の中に点在するフランス人の住宅と、ウラン鉱山近くに並んだ庭のない労働者の住宅の列。二つの地平の間には地理的な距離以上の隔たりがあった。《管理職の町》の北東の丘の上には灌木帯のくぼ地があり、そこには自然のままの水源地がある。水源地の西側と東側の少し高くなった場所には、それぞれ小さな飛行場があった。丘の上は行き止まりではなく、飛行場で外界と繋がっていた。

下界の水源地はウランの採掘によって深く汚染している。《刷新の町》の南側を東から西へと流れていたンガマボウングの沢にはウラン鉱山の尾鉱とウラン製錬工場の鉱滓が捨てられ、ミテンベ川を汚染している（Gehriger 2004）。《管理職の町》と《刷新の町》の差異は、自然の差異ではない。地形と重力を利用して、ウラン採掘の社会的な分業と象徴的な差異が創られた。これらの差異化した諸機能は、フランスのネオコロニアルな支配を支える配置の微細な部分を構成していた。しかしムナナで働いたフランス人も死んでいる。放射能は、この機能的かつ象徴的な差異とは関係なく振舞った。しかし（数は少ないものの）フランス人は補償を受け、アフリカの労働者たちは補償を受けていない。人間の制度は、この象徴的な差異に従っているように見える。この象徴権力を支えたのが、核兵器と原子エネルギーだったのではないか？　ムナナは核以前、原子エネルギー以前のウランを生産する鉱山だった。

一九五〇年代初頭にＣＥＡはフランス領赤道アフリカでウラン鉱脈を探索し、一九五三年にムナナでウラン鉱脈を発見し、一九五六年にそれがフランスの核開発に必要なウランを供給する鉱脈であることが確認された。ＣＥＡは一九五八年にウランを採掘する鉱山会社ＣＯＭＵＦを創設して、フランス国内でウランの採掘と製錬に従事した専門家たちがムナナにやって来た。ＣＯＭＵＦは一九六一年からウラン採掘を開始したことになっている（WISE 2004a）。だが採掘は一九五七年には始まっていた（Hecht 2018 : 116）。

例のごとく、事業が正式に始まる前に戦略的に重要な活動は始まっていた。知識において、制度において、法令において、ウラン採掘の条件や基準が整う以前に採掘を開始して仕事の手順の流れを作り、インフラストラクチャーを建設し、政治・経済・社会・軍事的な装置を張り巡らして、活動の諸前提条件が方向付けられた。そこには独立国家も放射線に関する法律も制度も知識も存在せず、CEAは自らの言い値でウラン採掘のシステム作りができた。熱帯林の中のウラン鉱山はムナナに夢の近代《モデルニテ》をもたらすと思われた。彼らはガボンを去り、より条件の良い場所でウランを採掘している。

一九六〇年八月一七日の独立に際して、ド・ゴールのフランスは「フランスの友人」レオン・ムバをガボンの初代大統領として擁立し、一九六一年にウラン採掘に関する取り決めに署名させた。当時のフランスは、第二次世界大戦で失った栄光を取り戻すために独自の核兵器の開発を急ぎ、一九五四年から一九六二年にかけてフランス領アルジェリアではALN（アルジェリア民族解放戦線）と「アルジェリア戦争」を戦い、一九六〇年二月一三日にはサハラ砂漠のレガーヌで最初の核実験を行った。フランスは核兵器の製造に必要なウランを安定的に供給するために、独立前のガボンに

COMUFを設立し、ガボン独立後はフランスの核政策を容認するレオン・ムバを最後まで支えた。だからガボンの政権は、フランスとの政治的で経済的な協力関係のみならず、フランスが国益を守るために諜報活動と軍事介入を行うフランサフリクだと言われる。

一九六四年二月一七日夜から一八日未明に起きた軍事クーデターでレオン・ムバが失脚した際、フランスはブラザヴィルとダカールからパラシュート部隊をリーブルヴィルに投下して、一九日にはレオン・ムバを大統領に復帰させた（Decraene 1964）。レオン・ムバも、ムナナのウラン鉱山も、ド・ゴールの「偉大なゲーム」に役立った。しかし「偉大なゲーム」の観点から見れば、この両者は、替えが利く道具だった。コジェマ／アレヴァ／オラノは、ウラン鉱山の中軸を、ガボンからニジェールに移し、さらにウズベキスタンに移しつつある。

ド・ゴールのアフリカ顧問ジャック・フォカールは、アフリカのフランス権益を守るために軍事介入と秘密警察による非合法の活動を続けていた。レオン・ムバが癌のために在職中に亡くなった後、一九六七年一二月二日に二代目の大統領となったアルベール＝ベルナール・ボンゴもフォカールとの関係が深かった（Airault et Bat 2016：

47-52)。その彼が二〇〇九年六月に亡くなった後、一〇月に三代目の大統領となったアリ＝ベン・ボンゴ・オンディンバは前大統領の息子の一人だ。独立以来ガボンには野党など存在したことがない。シメズはそう言っていた。フランサフリクの蔑称は、ガボンの独立が空言であり、ガボンの政治の腐敗がパリで作られる仕組みを揶揄している。

車は道を外れて一本の大木の下を通り、屋根も窓もなく壁だけが残る住宅の廃墟を通り過ぎ、ランドクルーザーのピックアップが止まる家の前で停車した。二〇時五〇分。ムナナの東側の丘の上に点在する一九六〇年代に建てられた管理職のための平屋建ての住宅の東の外れの一つに私は辿り着いた。玄関前の水道管から水がシューと音を立てて漏れている。エアコンを入れる鉄格子の枠が寝室と居間の窓枠の下から突き出ている。手前には古びたエアコンが入っている。もう一つは壁の穴を合板で塞いでいる。勝手口の扉を開けて中に入ると、汚れた履物が無造作に並んでいた。裸電球の下にガスコンロと冷蔵庫があり、蛇口から水がポタポタと落ちていた。その先の扉を開けると大理石のタイルが敷き詰められた居間があった。人々が出入りした台所と居間の間の扉の前も、テラスへ続く正面の扉の前も、大理石が細かく割れていた。東の窓際にはダイニングテーブル、中央の壁際にはどっしりとしたキャビネット、テラスのある西の窓の下には大きなソファがあった。ソファの足元の大理石のタイルも割れている。私が通されたがらんとした部屋には大きなダブルベッドが一つあった。マットレス中央のバネが背骨に当たるので、私はベッドの端で寝ることにした。廊下の反対側のシャワーのある洗面所には、洗濯機が取り付けられていた跡が残る空隙があった。シャワーは水とお湯の両方が出ていたらしい。

ケヴィンは三年前からここに住んでいて、今はセドリックが居候しながら、朝早く同僚の車でモアンダの建築現場に通い、夕方になると同じ車で帰ってくる。ケヴィンとセドリックとヤニックは、フランスヴィルのマスク技術工科大学の学部時代の同級生で、セドリックとヤニックは、それぞれ地質学と原子物理学の博士課程まで進んだが、ケヴィンは地質学の修士課程を終えた時点で将来の展望が開けないと考え、ムナナで始まった建設プロジェクトを請け負う会社の現場監督になった。それは放射能で汚染した建物を壊して新たに二〇〇戸の住宅を建設するアレヴァのプロジェクトだった。ヤニックが学んだ原子物理学とセドリックとケヴィンが学んだ地質学は、COMUFのようなウランを採掘する鉱山会社に役立つ専門分野だ。これは偶然ではない。フランスの鉱山会社はこの地域と遠くの港を結ぶインフラストラクチャーを建設し、町を造り、専門学校を設立し、大学院の研究分野にも影響を与えていた。

線量計は0・15μSv/hを示していた。モアンダのホテルとほぼ変わらない。ムナナには二つのウランの露天掘り鉱山と四つの地下鉱山があった。モアンダの近くにも一番新しい露天掘りのウラン鉱山があった。私はマンガン鉱山でも被曝するとヤニックが言っていたことを思い出した。マンガン鉱山は、定義上ウラン鉱山ではないから、放射線防護の規則が適用されないが、ムナナからフランスヴィルにかけた「フランスヴィリアン」と形容される一帯の二五億年前から一六億年前の古原生代の岩体は、マンガンやウランを含んでいる。この時代は生物にとって危険な酸素が現れる時代だった。地球が誕生した四六億年前から存在していた放射能が、酸化して水に溶け出し、オクロの沼で単細胞生物の体内に堆積して濃縮ウランとなったのがこの時代だ。それは物理学や地質学や工学の問題系を超えている。だから進化する生物たちの生《なま》の相互作用の過程において、異なるスケール間の交叉を追いかけねばならない。

三つの人工湖

ぴちゃぴちゃとシャワーの水が跳ねる音がする。窓の外からは聞いたことのない鳥の声が聞こえていた。鶏が鳴く。薄暗いムナナの朝。ケヴィンの妻とセドリックがフランス語で何か話している。私はベッドの右端から起き上がり、がらんとした部屋のカーテンを開けて再び横になった。

昨夜はケヴィンとセドリックと私の三人で遅くまで話し込んだ。ケヴィンはファンで、セドリックよりも肌の色が薄く、生真面目なセドリックに比べると尖った感じがない。彼は頭の回転がとても速い。私の話を少し聞いただけで、それは核の人類学だな……ムナナはそれをやるにはいいところだと言って笑った。ケヴィンは酒を飲まない。体形を保てないからだ。髪の毛が薄いからスキンヘッドにしているが、ケヴィンはヤニックやセドリックよりも収入があるし、大きな家に住んでいるし、妻がいるし、一列シートの中古のランドクルーザーのピックアップを持っている。そして女にもてる。年上にも年下にも。

私たちは毎晩、夕食後に水だけで何時間も議論した。ケヴィンとセドリックは仲が良いが、意見の違いが顕在化したことがあった。生殖とセクシュアリティが話題になった時のことだ。ケヴィンは生活のために働くようになった今でも地質学と生物学が好きだ。地球の進化と生命の進化を一続きのロジックで説明できるからだ。生物の生殖について話しながら、人間が生きる目的は子孫を残すことだとケヴィンが言った時、セドリックが色をなして反論した。人には異なるセクシュアリティがあって子孫を残すことが目的じゃない。ケヴィンは子孫を残すのでなかったら何のために生きているんだと言う。ケヴィンは地球の進化の過程で個々の生命体が果たしてきた生存のための活動を自分の選択に当てはめている。セドリックはまるでサルトルのように実存の唯一性と個の自由を求めているように見える。

自分に厳しくて個性的に見えるが、人望が厚くて社会的な関係を大事にするケヴィン。控えめに見えるが、自己主張が強いセドリック。ケヴィンは結婚して子供を育てることを地球と生物に共通した進化のロジックで説明する。(だがこの家庭には子供がいない。) セドリックは生きられた経験のかけがえのなさを根拠に反論を試みるがケヴィンの自信は揺らがない。ファンはカメルーン南部、赤道ギニア、ガボン北部に多く、ケヴィンは北の人で、セドリックはオゴウェ川上流域の人だ。セドリックの母親はウドゥム、父親はオバンバで、彼は母と同じ言葉を話す。セドリックの父は、ファンのケヴィンが言うような感覚において子孫を残したのではないだろうと私は考える。父系制社会の父権は強く、母系制社会の父権は弱い。セドリックの恋人はファンで二人はフランス語で話す。二人の間に子供ができたら子供は何になるのだろう？

ランドクルーザーのディーゼルエンジンの音がする。私が冷たいシャワーを浴びて居間に出てゆくと、セドリックが一人でソファに座り、ラップトップで何か見ていた。ケヴィンと妻はモアンダに出かけたという。私はモアンダで買ってきたパンとコーヒーとバナナで朝食をすませた。前日の夕方、セドリックにモアンダで唯一のスーパーマーケットCECADOに連れてゆかれ、私は市場の方が面白くて良かったのだが、そこで四日分の朝食を買っておくように言われるがままに、値段の高いパンとジャムとバナナと牛乳とリプトンの紅茶とネッスルのコーヒーを買った。ホテルから七〇〇メートル先のスーパーマーケットまで歩くのかと思ったら、セドリックはタクシーを待ち、二度の交渉を経てタクシーに乗り、降りた時に釣り銭をごまかされ、走り去るタクシーに向かって虚しく手を振り上げて不機嫌な顔をしていた。私一人だったら歩いただろう。そうすればタクシーを待つことも、交渉することも、釣銭をごまかされることもない。だがこれは習慣だから、そのうち学ばなくてはならない。

私もまた釣り銭をごまかされていたが、それは自在に動き回れるようになるまでのレッスン料だと考えていた。モアンダにいる間、私が毎日訪れていたあの小さな店に三度目に行った際、マダムは大げさに電卓で足し算をしてから合計二七〇〇フランのところを二五〇〇フランにしてくれた。私の暗算によれば合計は二三五〇フランだったが、気まずさを避けてマダムに二〇〇フラン負けてもらったことにした。だが慣れてきたら、マダム、それ違うんじゃない？　と笑って言えるだろう。私はそのような余裕をまだ身につけていない。

セドリックは、ラップトップの画面で私にムナナの地図を見せながら、これを君のスマートフォンに入れてから散歩に行こうと言った（地図1）。この地図が作成された時期は不明だが、ムナナの中心部分にある丸い池はムナナの露天掘りのウラン鉱山（一九五八—一九六七年、一九七二—一九七五年）に水が溜まったものだから、一九七五年よりも後のものだろう。ムナナの地下鉱山（一九六五—一九七一年）の入り口は露天掘りの南側（現在の製材所の辺り）にあった。地図上ではウラン鉱山の東側に小さな池が三つとそこに流れ込む小川があるが、今ではウラン鉱山とこれらの池のあ

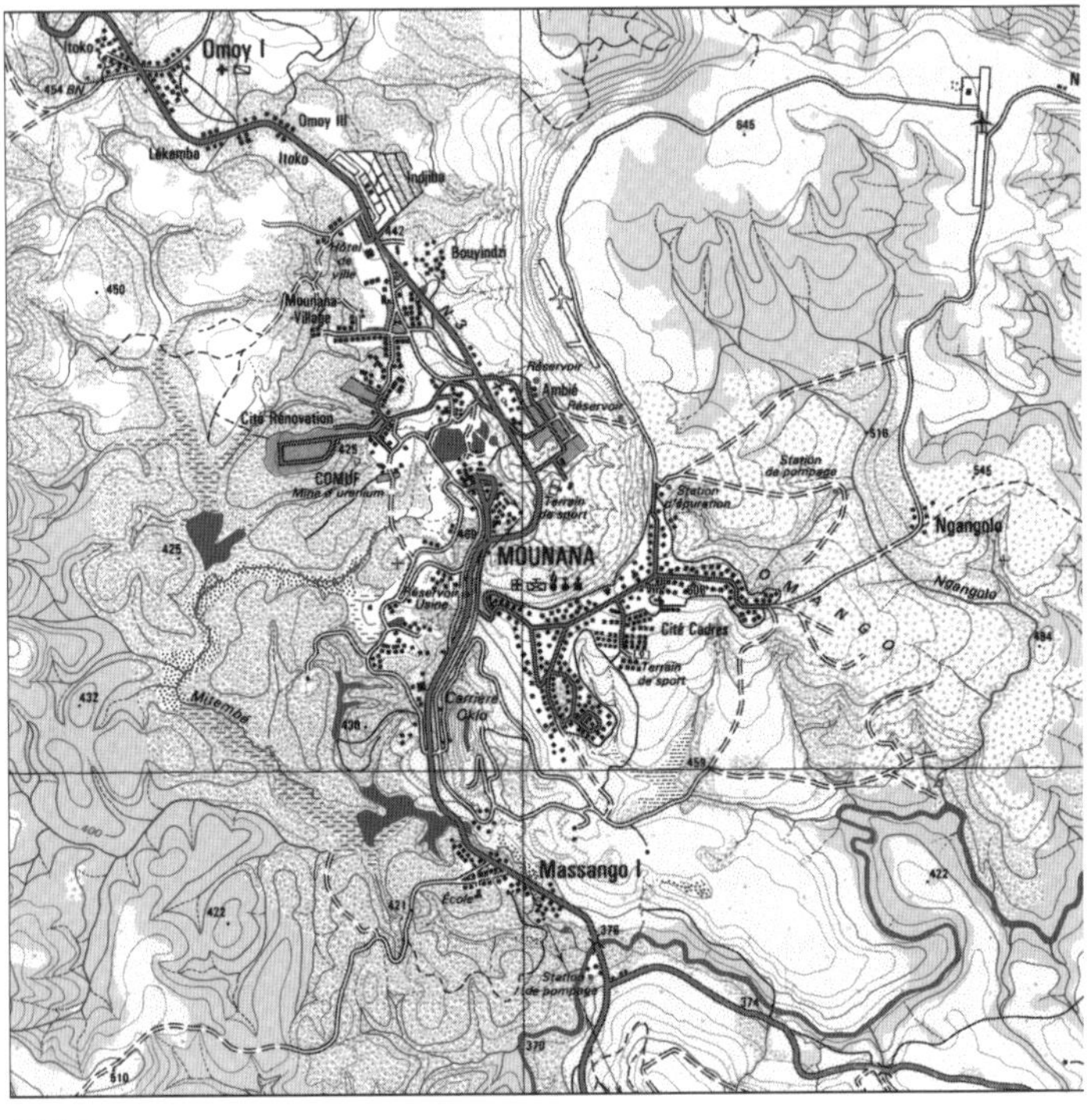
Omoy I
Itoko
Omoy III
Lékambo
Itoko
Indiba
Bouyindzi
Hôtel de ville
Mounana-Village
Réservoir
Ambié
Réservoir
Cité Rénovation
COMUF
Mine d'uranium
Terrain de sport
Station de pompage
Station d'épuration
Ngangolo
MOUNANA
Réservoir Usine
Cité Cadres
Terrain de sport
Carrière Okio
Mitembe
Massango I
École
Station de pompage

地図 1

る場所は土手で区切られ、土手とN3の間は一続きのムナナ湖となっている。N3東側の技術者たちが住んでいた《アンビエの町》はこの場所にはなく、その北側の空き地に移動している。住宅を壊さねばならない何かが起きたのだろう。ムナナの露天掘りウラン鉱山の南西側のンガマボウングの沢には、ウラン鉱山から出た数百万トンの尾鉱とウラン製錬工場から出た鉱滓が捨てられた。沢のすぐ北側には労働者たちが住んだ《刷新の町》がある。ムナナのウラン鉱山の北側にはボインジ地下鉱山（一九八〇―一九九一年）があった。一九九九年から二〇〇四年まで行われた再整備（réaménagement）によって、ムナナの露天掘り鉱山は埋め立てられ、《刷新の町》の南側にはダムが造られ、沢のあった場所は鉱滓を沈めた人工湖になった。汚染した水はミテンベ川に流れ込み、オクロの南のマサンゴでレケディ川と合流する。N3を北上してムナナに入る手前の東側には、オクロの露天掘り鉱山（一九六八―一九八五年）があり、西側にはオクロ地下鉱山（一九七七―一九九七年）の入り口があった。オクロの南のオケロボンドの地下鉱山は一九八八年から採掘が始まり、N3の陥没事故を引き起こした。現在オクロは汚染した人工湖になっている。その水はマサンゴ村を過ぎたところでレケディ川に流れ込む。

地図中央のMOUNANAの文字の南と東は小高い丘で、そこに《管理職の町》が広がっている。ケヴィンの家は、その東端の道の南側にある。地図上ではンガンゴラ村へ続く道路の南側の東の方にあり、北隣の家は廃墟となっている。《刷新の町》では家が密集し、《アンビエの町》も家と家の間に少しは空間があるものの家と家の距離が近いため、二つの地区は灰色で塗りつぶされている。《管理職の町》は家と家が離れているから全ての家が黒い四角で示されている。丘の上には軽飛行機が発着できる滑走路が二つあった。二つの滑走路の間には灌木帯があり、ここを水源とするンガンゴラ川から水道が引かれている。

私たちは道を東に向かって歩いた。最初に通りかかった家の庭先には、赤いトヨタのセリカGT4と灰色のBMWのE34の残骸が並んでいた。一九八〇年代後半の速い車だ。その間にマッセイ・ファーガソンのトラクターの残骸が佇んでいた。こんな車がキラキラ輝いてムナナを走っていた時代があった。

記録と知覚

セリカGT４の可動式ヘッドライトは壊れ、マッセイ・ファーガソンは土にめり込み、E34はタイヤを失い顔が歪んでいる。日本とアメリカとドイツから輸入された三台の車両の残骸は、ここで働いたフランス人が一九八〇年代後半から一九九〇年代前半にかけて金をつぎ込み、速さと力強さを追求した支配者の横柄なスタイルを、あのコンゴのタンタンのように築いていたことを指標している。広々とした庭の奥のケヴィンの家とは左右対称の平屋は、壁から塗装が剝げ落ち、ガレージの扉が外れた姿で立ち続けている。庭に張られたロープには子供らの服に混じってモアンダで見かけた蛍光色のラインが胴回りと腕周りと肩に入った青い上着がぶら下がっている。子供たちが家の前にいる。今日は日曜日だ。庭にはペットボトルが散乱している。

赤土の道を東に向かって歩くと道は下り坂になり、一番低くなったところを台地の水を集めたンガンゴラ川が南の方へ流れていた。私たちが小川の水辺で佇んでいると、荷台に人々を乗せたダンプカーがムナナの方に走り去った。セドリックの地図によれば、ここから東に向かって坂を登って北に折れるとンガンゴラの村があり、その数キロ先には台地の上の東の飛行場がある。グーグルマップではンガンゴラもその先も隠されている。私はもう少し進みたかったが、セドリックが遠くに行きたくない様子だったので、次の機会に行くことにした。（次の機会はやって来なかった。）私一人ならば帰る余力だけを残して行けるところまで行くのだが、相手がいる時はがめつくしない。

私は五ヶ月前にこんな風にセドリックと歩いた時のことを思い出しながら、リーブルヴィルで読んだ二つの資料を読み直した。それはすでに何度か読んだものだったが、この地図を手に入れる前は、地名が出てきてもどこなのか不明だったので、地理的な関係が分からなかった。だからセドリックから貰った地図は、ムナナを歩いた時だけでなく、ガボンから帰った後でムナナやオクロについて書かれた論文を読む時によく見ている。ヤニックらの論文は、ラジウム226の放射能測定をした一五の地点の緯度と経度を記している（Mouandza *et al* 2018）。私はその地点を確かめながら読み進んだ。グーグルマップは、オクロの数百メートル南のマサンゴ以南が加工されていて、オケロボンド地下鉱山があった辺りも陥没事故があった場所も確認できない。フランス国立地理学研究所の地図は、百万分の一の縮尺だから役に立たない。

その日の午後、ケヴィンがモアンダから一人で帰って来てオクロに行こうと言った。我々三人が乗ったピックアップは丘の上の《管理職の町》を東西に貫く道を西に走り、左に折れて南に進み、家並みが途切れた少し先を右折して西に向かい草をなぎ倒しながら坂を下ったが、生い茂る草木に阻まれて進めなくなった。その先のことは別の機会に書くことにしよう。ケヴィンは翌日の夕食後にムナナの航空写真を送ってくれた（写真1）。それはセドリックの地図よりも最近のもので、地図にはない三つの人工湖が写っている。ケヴィンの家と東の飛行場は写っていない。しかし建物の一軒一軒が判別できるので、セドリックの地図と見比べながら歩いた場所を確かめるのに役に立った。

私はこれをつくばで書きながら、異なる時代の同じ場所の探索を重ね合わせ、ムナナで歩いた場所の見えない部分を再現しようとしている。私は歩きながら多様なものを知覚していたが、それらが何なのか理解していなかった。例えば、セドリックとオクロを歩いていた時に空間線量が異様に高くなった時の経験を、ヤニックの調査の結果と照合し、ケヴィンの航空写真と重ね合わせ、それ以外の様々な文献や映像記録を参照し、知識の空白部分を少しずつ埋めながら、私はその時には気づかなかった部分

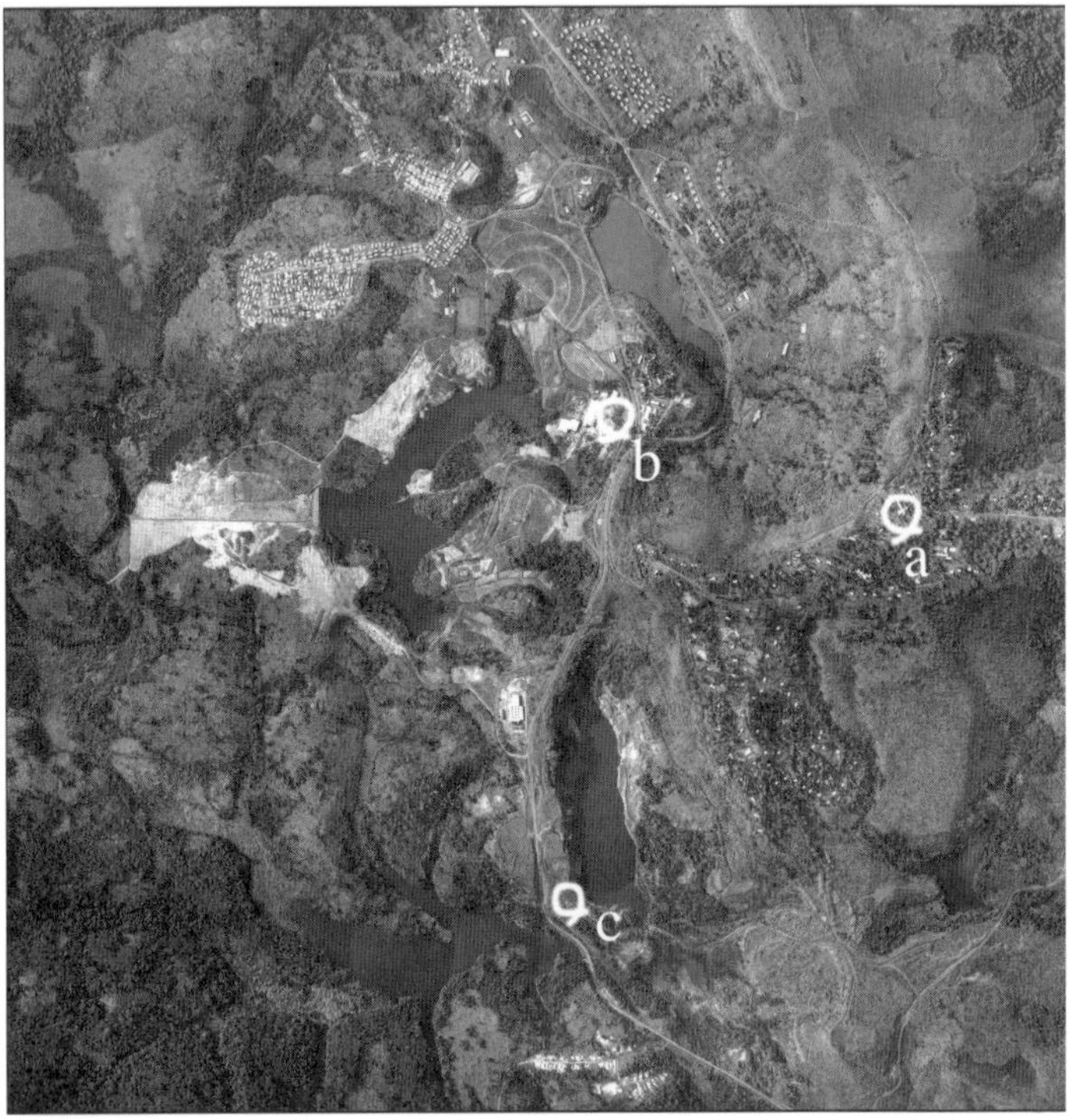

写真 1

を再構成しようとしている。異なる時代に同じ場所を歩いた人たちの記録と証言の数々が繋がり始めた。こんな風に歩いた道を辿り直すとざわめきが聞こえるようだ。私はその中の一つの声また別の声と対話を試みる。

九月一四日から一八日までの僅か五日間であったが、ムナナのここそこを、ある時はケヴィンとセドリックと私の三人で、ある時はセドリックと私の二人で、ある時は私一人で歩き回ったその時々よりも、今では生きた経験の直接性は次第に色褪せてゆくけれども、私はその時の状況を知識としてはより良く知っている。もうガボンに旅立つ時が近づいて来た。私はその前に可能な限りあの五ヶ月前のムナナの経験を書き留めておこう。いくつもの出来事とそれに付随した感覚が濁流のように押し寄せ、私は流れ去る諸現象の断片を意味も分からず書き付けることしかできなくなるだろうから。

セドリックと私は、ンガンゴラ川から引き返して赤土の坂道をゆっくり歩いた。道の両側は草木が焼かれ、焼け残った木々の表皮は黒ずんでいた。キノコのような形をした土の塊がにょきにょきと地面から生えていた。これは何かと聞くと、セドリックは足元の土のキノコを蹴り倒し、それはあっけなく根元から折れた。転がって横を向いた根元から白いアリの幼虫たちが蠢くのが見えたので、私は急いでそれを元の場所に戻した。草木が焼かれたところを歩き回ったから、私のベージュのズボンは黒い草や枝が擦れた痕で汚れていた。私はこうしてだんだん薄汚い姿になっていった。

車の残骸の前を通り、ケヴィンの家へ続く道を通り過ぎ、丘の上の西の飛行場へと続く三叉路を通り過ぎた先の右手にＣＯＭＵＦの娯楽施設の廃墟があった（写真１のａ）。セドリックが素通りして、その西側の遊園地の方に向かうので、私はまた後でこの施設を見に来ることにした。滑り台、シーソー、回転遊具を通り過ぎて、テニスコートの前を通りかかった時、線量計の警報音が鳴った。見ると０・68 μSv/h を表示している。数字はさらに上昇して０・79になった後、下降して０・20前後に下がった。線量計が何に反応したのか不明だったが、放射能が丘の上のフランス人の縄張りにも、分け隔てなく入ってくることが分かった。象徴の働きと放射能の振る舞いは異なっている。私たちは弧を描く台地の端まで来てムナナを見下ろした。

正面にムナナの人工湖が見えた。フランスヴィルから下見に来た時、この人工湖の手前の方で男たちが水浴びをしていた。湖の西側にはムナナの露天掘り鉱山跡を埋め立てて環状にデザインしたランドスケープアートがある。見かけをランドスケープデザインで洗練しても、放射能のエネルギーを封じ込めることはできないが、人の目を楽しませることはできる。人の目を欺《あざむ》くと言った方がいいだろう。ヤニックらの研究によれば、その付近には放射性廃棄物を埋めて高度に汚染した場所が複数存在する。西の方にはもう一つの人工湖の一部が見えた。そこは大量の尾鉱と鉱滓が捨てられたンガマボウングの沢があった場所で、一九九九年から二〇〇四年にかけて行われた再整備でダムが築かれて、およそ五〇〇万トンが露天掘り鉱山跡の埋め立てに使われ、人工湖の底にはおそらく二〇〇万トンが沈んでいる（Sherpa 2007）。

ヤニックの論文を読んで汚染した地点を確認すると、シメズと来た時に気になっていたことやその後で起きたいくつかの出来事が、私の中で繫がり始めた。

姿を消した蝶

扉が開き足音が廊下を移動してトイレに入り水を勢いよく流した後シャワーの水しぶきがタイルの上で跳ねる音が聞こえる。昨夜バネが当たるベッドの中央を避けて右端で寝た時と同じ位置に私は横たわっていた。私が夢を見ている間にシニフィアンとシニフィエの接合が外れて私がイメージと感覚の過剰な充溢と無意味な反復の中にいた時も、私は眠る位置を自己調節していたようだ。かけ廻る夢を見る心と肉体に宿る心。心の蠢きと身体の運動感覚の接合とずれ。連接と剪断《せんだん》は心身の問題でもあるし、言語の問題でもあるし、周縁で生きる人々の近代の経験の葛藤でもあるし、それは私の問題だ。枕元の腕時計を見ると五時。

九月一六日の日の出は六時。日の入りは一八時頃だった。私は七時にようやく起き出してトイレとシャワーを済まして居間に出てゆくと、ケヴィンが台所の掃除を終えて仕事に出かけようとしていた。セドリックはすでにモアンダに出かけた後だった。私は一人残された。これからどれだけ一人で進めるか。それは時間の中の私と私が出会うものたちの相互的な過程だから、私の生命力、好奇心、反射能力、何かが生まれるのを待つ忍耐力が試される。

前日の夜、居間の壁に逆台形に投射された暗い画面で、欧州のサッカーの試合結果とガボンのニュースを三人で少しだけ見た。椅子に液晶が割れたテレビが立てかけてあり、背後のコーヒーテーブルの上に重ねた二冊の本で角度をつけた小さなプロジェクターが斜め上を向いていた。その二冊は表紙が取れて紙が変色したフランス語の古びた本だった。ケヴィンが読むような本ではないと思って見回すと、キャビネットの中央に置かれたもう一台のテレビの裏には、ぼろぼろになった本が積み重ねられていた。

その多くは「COMUF管理職サークル―ムナナ」のスタンプが押してある。貸出カードも出てきた。パリ郊外のル・ランシーの図書館で借りた子供向けのパスツールの伝記もある。小説、詩集、悲劇、伝記、歴史、世界の不思議のジャンルのものが多い。前の住人たちは本好きだったようだ。私はその中から表紙と背を失い、染みだらけのポール・ジェラルディの詩集『あなたと私』を見つけた。頁を捲《めく》ると「晴れた天気が笑う……」の最初の六行が現れた（Géraldy 1960 : 14）。

晴れた天気が歌のリフレインのように笑う。／村にはこんなに太陽がいっぱいで、アトリたち／とバラたちでいっぱいだから、私はこんな風景たちと／一つの大文字のうちに、小説たちの冒頭で再会する、／まだ全てが平穏で、まだ色々な出来事が／登場人物たちの安らぎを狂わせていない時に。

この詩はどう読まれたのだろう？　まるで後に起きる出来事を暗示するギリシア悲劇のコロスのようだ。ガボンから帰った私はドミニク・エヌカンのドキュメンタリー「ウラン、毒を盛られた相続」を見た。冒頭に登場する姉妹のジャクリーヌとモニクは家族とムナナに住んでいた。ジャクリーヌは人工湖となったンガマボウングの谷間の写真を見て「全て水没している！」と驚く。それは彼女が知らない風景だった。一九九九年にウラン採掘が終了してフランスに帰国した後、彼女はウラン鉱山で働いた父と夫と母を数ヶ月の間に癌で失った。父が肺癌で亡くなった時、ジャクリーヌはムナナで一緒だった友人たちに電話を掛けて、この人もあの人も肺癌や別の癌で亡くなり、あるいは闘病生活を送っていることを知った。彼女はラドンが父の命を奪ったと考えている。ウランはフランスで処理するから全く危険はないと言われていたとモニクが言う（Hennequin 2009）。

私はこの家に住んでいたフランス人の一家が残した何冊かの本を拾い読みしていたが、これで一日が終わったら大変だと気づき、水道の元栓を閉めてムナナの中心部を目指して歩き始めた。少し行ったところで大きな籠を背負い、長い山刀を手にした男が家から出て来た。マニオックを植えるのかと聞くと、そうだと言う。（私が戻って来た時、彼は焼畑の中で苗木を植えていた。）

私は前日に外から見ただけのＣＯＭＵＦの娯楽施設に入った。駐車場を横切り、ガラス扉が二枚とも割れた正面玄関から建物の中に入ると、そこは細長いラウンジだったようで先の方に逆コの字型のバーのカウンターがあった。そちらへ向かって進むと、右手の割れたガラス越しに飛び込み台のある水のないプールが見えた。あの上に立てばムナナが一望できるだろう。支配者のエレガンスとアロガンス。今では全てが廃墟となっている。誰かがこの建物と手前の建物の間の小さな庭を畑にしている。

子供の公園の西側のＣＯＭＵＦのディレクターの屋敷前には数台の車が止まっていた。通りかかった女に、あれは誰の家かと聞くと、国会議員のだという。ディレクターの屋敷は植民地の象徴権力を体現していた。その建物に地元の国会議員が住んでいる。道をさらに下ると中国の製材会社で働くインドネシア人とマレーシア人らが住む家がある。その製材所は、なぜかムナナの地下鉱山の入り口があった辺りの南隣、ウラン製錬工場の瓦礫が埋められて高度に汚染した場所（写真1のｂ）の西隣に建てられている。今日は月曜日なのに家の前のテラスには二人のアジア系の男が座っている。家の横では別の二人が畑を耕している。私は坂を下りながらテラスの二人に挨拶した。道を下っていると知らない電話番号からセドリックが電話を掛けてきた。あと少しで家に着くと言っている。仕事はいいのだろうか？　家に戻るとセドリックが同僚の車で帰ってきた。私たちは歩いてオクロに向かった。

私がオクロで撮った二枚のピンボケ写真には草叢が写っている。放射線が突然跳ね上った地点（写真1のc）を通り過ぎて人工湖の南端に立った時、一羽の蝶がひらひらと飛んでいた。私はその姿を写真のフレームに捉えようとしてカメラを動かしてシャッターを切った。だが蝶はすっと落下して枠から消えた。蝶がひらひらと斜めに上昇するのを見て、私はその姿を再びフレームに捉えてシャッターを切った。だが蝶はふっと横に飛び去った。ブレた草木の写真はその時の蝶と私の動きを記憶している。

あの蝶は、プルーストの『失われた時を求めて』の「逃げ去る女」アルベルチーヌ、あるいはカルティエ＝ブレッソンの写真が捉えようとした「逃げ去るイマージュたち」のように、私から逃げ去り魅惑するのか？　そうではないだろう。あの蝶は姿を消すことで、そこに存在する何かを私に示していたのではないか？　アリスの白うさぎのように。私は図と地の関係を考え直した。あの場所にはウラン238のγ線とラジウム226とラドン222のα線とβ線が満ちている。そこには見えない光が射している。ブレた二枚の写真のパースペクティヴから逃げ去っていたのは蝶ではなく見えない光からなる地の方だ。地が異なれば図も異なる。逃げ去る蝶を見失った後、私は天然原子炉の二〇億年の持続と最近の中絶の方を向いていた。

第3章　再びムナナへ

隠し扉

私は三日前からリーブルヴィルに来ている。廊下で何人かのフランス人が話している。今日は日曜日。店は閉まっているから、昨日のうちに部屋で仕事ができるように水とジュースとビスケットなどを買っておいた。明日の夕方には夜行列車でフランスヴィルに向かう。リーブルヴィルに来て二日目に、私は飽きてしまった。フランス系のスーパーマーケットCASINOにはワインもチーズもハムもオリーブもバゲットもあり、近くには植民地風のカフェもある。長居をすれば快適な日常に絡め取られて先に進めなくなる。そう考えたら微妙な距離を感じて、早くここを出たい。

リーブルヴィルに着いた日の午後、私はカフェで勧められるままに冷えたレガブの大瓶を注文した。プルーストが書いているように、一口目はこの上なく美味しく、二口目はそれが少し減じて、三口目にはありきたりのものになる。私はビールを残してカフェを出た。翌日、プラスチックのゴミだらけの海岸で奴隷貿易の時代を想像しながら散策した後でカフェに立ち寄り、何かアルコールの入っていないものを求めて勧められるままに冷えたパイナップルジュースを飲むと同じことが起きた。エスプレッソを飲んでノートを書いている時、私は何かが纏わりつくような感じがした。

二〇二〇年二月二七日の午後のリーブルヴィル空港。黒いとぐろを巻いて人々の間を回って出てゆくベルトコンベヤーに乗った私の二つの目のスーツケースは壊れていた。だが侵入はされていない。タイミングが問題だ。人々が待つロビーに出てゆくと、男が「タクシー？」と声をかけてきた。私はそのまま男の車に乗ってホテルに向かった。男はベナン北部の出身でアブラヤシを栽培していた農園を売却してリーブルヴィルでタクシー業を営む。首都ではガボン人のタクシーの運転手に会ったことがない。

夜、フランスヴィルにいるヤニックから電話がかかってきた。電話の向こうで笑っている。セドリックから返事はない。彼は最近マラリアを患い、お金がないために博論の審査も終わっていないらしい。私は彼のために大学で地質学のポスドクの機会を探したが、関心が近い地質学の教授にあと一年で退官するので受け入れられないと断られた。私も同じ理由で受け入れを全て断っている。感受性とタイミングが合わなければ何も起こらない。それが出会いだ。ウイルスと細胞の闘争と共生もそうだ。ウイルスから突き出た受容体結合領域（ＲＢＤ）と細胞の受容体の形態とタイミングが合わなければ、ウイルスの感染も細胞内共生も起こらない。リン・マーギュリスとカール・セーガンは結婚しない。二人は離婚もしない。

翌朝、私はタクシーを止めて二〇〇〇フランでオウェンド駅へ行き、窓口に並んだ。相場は一五〇〇フランというから五〇〇フラン分の熟達が足りない。だが偉そうな男が並んでいた私たちが存在しないかのように窓口にまっすぐ行った以外は全ては流れるように進んだ。駅まで乗ったタクシーの運転手もベナン北部の出身だった。彼は私の話を聞いてリーブルヴィルの街中でも切符が買えると言った。「昨日そこに電話したら誰も出なかったよ」。「この国の人間は仕事の価値を知らない。誰かが出ると思うから電話に出ない。馬鹿げたことだ」。「ベナンでは仕事の価値は重要なのか？」「働かなければ食べられない」。「それはガボンでも同じだろう？」「前大統領のオマール・ボンゴが国民に金をばらまいたから誰も働かない」。男は吐き捨てるように言った。確かに役人や銀行員などは態度が偉そうで、自分たちは階級が上であるように振る舞う。その頂点に大統領が君臨する。そしてエリゼ宮殿の隠し扉の一つがここに繫がっている。

初代大統領レオン・ムバは一九六四年二月のクーデターで失脚した二日後に、フランスのパラシュート部隊に救出されて大統領に復帰した。その時のフランスの大統領はド・ゴール将軍だった。後に二代目の大統領となるオマール・ボンゴは、フランス領赤道アフリカでの軍人として活動し、秘密警察での活動を経て、この時は副大統領になっていた。ベナン出身の男が非難するオマール・ボンゴの金のばらまきは、ド・ゴール将軍のフランサフリク体制と繋がっていた。

ケヴィンも同様のことを言った。私をモアンダの駅に送る車の中で、ガボンでは人が真面目に働かないからこの国は良くならないと嘆いた。彼は外からこの国を見ているようだった。ヤニックもセドリックもそうだし、ナイジェリア人のシメズもそうだ。メラネシア人類学風に言えば、他者と出会い、パースペクティヴを交換して、その視点で世界を見る。贈与交換の見落とされた重要な部分だ。

私はタクシーの男に礼を言って駅舎に向かって歩き出した。奇妙なことに誰も声をかけてこない。半年前に初めてここに来た時、私はタクシーを止めて規範を逸脱した交渉を試みて赤道ギニア出身のタクシーの運転手に怒鳴られ、片道四〇〇〇フランで合意して、駅に着くと運転手から黄色いベストの男へ、さらには一等旅客ラウンジの男へ取り次がれ、そのつど待たされてコミッションを取られた。あの時はそれ以外に方法がなかった。女の子がニーハオと言う。今の私は中国人だ。

二〇一九年九月一一日にシメズと《刷新の町》を訪れた帰りにムナナの地下鉱山の入口付近のウラン製錬工場の瓦礫を埋めた辺りを通過した時、タクシーの中の放射線量が0・20 μSv/h台後半を超えた。右手には中国系のムナナ木材会社（ＳＭＢ）の製材所が見えた。そこはヤニックらの研究の地点15の近くで、地下に埋めたウラン製錬工場の残骸が雨のために露出して、製材所で働く労働者たちは毎日かなりの放射線を浴びているという（Mouandza *et al* 2018 : 448, 450）。車はムナナの病院の角でＮ３に出て右折して、東にオクロの露天掘り鉱山跡、西にオクロ地下鉱山があった辺りを通り過ぎた。オクロ地下鉱山の入口付近には中国系のモアンダ伐採会社（ＳＳＭＯ）がある。ＳＭＢとＳＳＭＯは二〇一九年三月に一〇年以上も森林の違法伐採を続けていたことが発覚して操業を止められていた。

なぜ中国の二つの木材会社は、二つのウラン地下鉱山のシャフトがあった場所にあるのだろう？　ケヴィンが中国はムナナで一〇〇年間のマンガン採掘権を得たと教えてくれた。なぜムナナでマンガンなのか？　ウラン鉱脈とマンガン鉱脈は重なっている。本当の狙いはウランなのではないか？　ケヴィンに聞いてみると、ウランはＣＯＭＵＦが管理しているから中国の手には渡らないと断言した。私にはそうは思えない。ＣＯＭＵＦの親会社のアレヴァと中国広核集団（ＣＧＮ）は、二〇一八年にフランス電力（ＥＤＦ）の加圧水型原子炉（ＥＰＲ）を採用した台山一号機を先行したフィンランドとフランスに先駆けて完成させていたし、翌年には台山二号機も完成した。ドゥルーズとガタリのカフカの国家システムは、三角形の底辺が遠くまで伸びていて、普通の人々が使う底辺の廻廊を通る限り、一つの部署の扉と隣の部署の扉は遠く隔っている。しかし上が窄《すぼ》まったシステムの頂点付近では、扉同士が隣接した構造になっていて、隠し扉を通って簡単に行き来できる（Deleuze et Guattari 1975：134）。

オクロを通り過ぎる下り坂で車内の放射線量が０・30 μSv/h を超えたので、私はシメズに車を止めてもらい線量計を片手に道に降りた。そこは木々が焼き払われていた。南から車が坂道を登って来るとシメズは立ち小便をして、私を目立たなくしてくれた。そこはセドリックとオクロに行った際に放射線量が突然高くなった地点とヤニックらの論文の地点４の近くだった。そこの土壌にはラジウム２２６が 23,022±2,572 Bq/kg 含まれ、その濃度は世界の平均値の七一九倍以上だという。この値はそこがオクロの再生サイトだったことを反映しているとヤニックらは結論している（Moundza *et al* 2018 : 447）。これが再生事業の終了後の数字であるという事実は何を指標しているのか？　アレヴァはムナナの再整備はＩＡＥＡがお墨付きを与えた「最良慣行」のプロトタイプであると主張している（RFI 2011b）。これは事実との関係において反語であり、同時にＩＡＥＡの素性を示唆している。私はどこまでゆけるだろう？

ＩＤのフォトコピーは持ってる？

二〇二〇年三月三日の昼過ぎ、列車は五時間遅れでフランスヴィルに着いた。私は相場の二〇〇〇フランでタクシーに乗り込んだ。運転手はまだ客引きをしている。彼は男にも女にも次々と断られていたが、若い男と交渉してようやく連れて来た。車を出した後も荷物を背負って歩く二人組に一五〇〇だと声をかけている。二人は渋っている。交渉は不成立かと思われた時、彼は「乗れ！」と言った。車はがたがた走る。このトヨタは三〇年も四〇年も前のものなんだろうと私が聞くと、男は恥ずかしさを隠すようにトーンを上げて「中古だからこうなんだ」と言う。私はムナナで見たセリカとＢＭＷがまだ使えるように思えてきた。私は車の残骸を間近で観察する。いつか修理されることを期待されているような車も、月日が流れてエンジンと座席が取り外され草が生い茂る車もある。それぞれの過去が現在の中に延びて多様な創発を続けている。

三月五日は私の日常を拡張した一日になった。三月二〇日夕方のモアンダからリーブルヴィルへ向かう列車の切符を買いに行こうとして、私は強い日差しを浴びながら旧総合病院の方へ向かう坂道を登った。前を歩く小柄な女にタクシーで駅までいくらかと聞くと、「プティタクシーで二〇〇〇、タクシービュスで二〇〇……」と教えてくれるが、タクシービュスの乗り方が分からないので「すみません。どういうことですか？」と聞き返すと、ポトポトの乗り場まで一緒に行ってくれた。彼女は「ＩＤのフォトコピーは持ってる？」と私に聞いた。とても知的な話し方をするので、あなたは先生？　と聞くと「私は先生じゃない。販売をやってる」と言う。女は道路を横断する際に中央分離帯で「ちょっと待って……今！」と私を促し、ポトポトに来ると「ドロボーが多いからカバンは前に回して」と私に注意した。市場の入り口の道の反対側にタクシービュスが何台も止まっていた。私にはどれが駅に行くのか区別がつかない。女は何台かのタクシービュスを通り過ぎてある一台の前で立ち止まった。彼女は運転手と話して振り向くと「これに乗って」と言って職場の方へ戻って行った。

助手席に座ると、初老の男が隣に乗り込んできた。窓の外から若い男が笑顔で「お金」と言った。私は物乞いだと思って無視したが、隣の男は小銭を渡しているので、あなたは優しい人だねと私はコメントした。若い男が再び顔を出して笑顔で「お金」と言った。私は彼が料金を徴収していたことをようやく理解して二〇〇フラン払い謝った。四列の座席に客を乗せたハイエースは快適に走る。このまま駅まで行くと思っていたら、丘の上のリセのあるT字路で突然降ろされた。運転手が「あそこでタクシーに乗れ！　あの女がいるところ」と言って車は走り去った。訳が分からずに物売りの女たちに聞くと、あそこでタクシーに乗れと同じことを言った。めかし込んだ女が「私も行くから来い」と言うので私は一緒にタクシーに乗った。坂を下ると右にサッカースタジアムがあり、その隣が駅だった。女に五〇〇払えと言われて運転手に一〇〇〇フラン渡すがお釣りがなく、何故か女が五〇〇フランくれた。女が「ＩＤのフォトコピーを持ってるか？」と私に聞く。持っていないが駅の窓口で椅子に座って順番を待った。隣の若い女がＩＤカードのコピーを手に持っている。ＩＤのフォトコピーが必要なのかと聞くと、彼女は「あそこでコピーできる」と構内の店を指差した。私がパスポートのコピーを取って戻ると、並んでいた人たちは私の席を開けていてくれた。たくさんの人たちに助けられて、帰りの乗車券はあっけなく買えた。しかも料金は何故か前回の半額以下だった。ＩＤのフォトコピーを出したからなのか？

フランスヴィルの駅に列車が来るのは土曜日を除いて週に六回だけだ。駅前にタクシーはいないから、私は道路まで歩いて行った。坂道で女がタクシーに乗ろうとしていたので、ポトポトに行くのはこれでいいかと聞くと「いいよ」と言う。女がどれくらいここにいるのかと聞くので、私は今日で三日目だと答えた。「それじゃあ難しいね」。ここには標識は一切ないから、決まり事のパターンを知らない私は、この朝たくさんの女たちに助けられた。中学生の女の子が私の後から乗り込んできた。彼女は一〇〇フラン硬貨を二枚だけ手に持っていた。私の財布の中には銀行で下ろしたばかりの一万フラン札がたくさん入っている。私が居るのはトランザクションが一〇〇フラン単位の社会世界だ。二〇〇フランでタクシーに乗りたい。

私は来る時にタクシービュスを降ろされたＴ字路で降りて二〇〇フラン払った。それが一〇〇〇フラン単位ではなかった事実が私に小さな喜びを与えた。少し先に屋根のついたバス停があり、リセの制服を来た女の生徒たちが座ってさざめいていた。ポトポトまでどう行ったらいいのかと聞くと、ここからタクシービュスに乗れば一〇〇、プティタクシーだったら二〇〇と彼女たちは口々に教えてくれた。卓越するほどに移動は安くなる。私の背後でタクシーが止まったのを見た一人の生徒が「ラン！」と英語で叫んだ。私が歓声に送られて走ると、タクシーを待っていた女が引きついで自分の後から乗れと言った。ポトポトで降りて二〇〇フラン。駅に行って戻って来ただけなのに、私はもっと先にいけるような気がしてきた。

三月七日の午後、私はムナナに向かった。荷物が多いのでタクシーで行くつもりだった。ヤニックが大学を案内してくれるというので私は荷物をまとめてUSTMのキャンパスに向かった。ヤニックはタクシービュスでフランスヴィルからモアンダに行き、そこからプティタクシーに乗って数キロ離れたムナナ行きの発着場に行き、そこから再びタクシービュスでムナナまで行く方法を教えてくれた上、要点を私のメモ帳に書いてくれた。そこにセドリックが顔を出した。私は大学に向かうタクシーでお釣りを一〇〇〇フランごまかされていたので、ヤニックの勧めに従うことにした。

ヤニックは私をモアンダ行きのタクシービュスに乗せると、私の後ろの席に座った若い女に「彼はムナナまでゆくからよーく見といてくれ」と頼んでいる。乗客は一一人。料金は一〇〇〇フラン。私はスーツケースを足で抑えながら膝の上にリュックを乗せているからかなり窮屈だ。タクシービュスは上り坂をのろのろと登った。半年前にヨーグルトを何度か買ったことのある店の前が終点だった。この先どうやって次の発着場まで行けば良いのか分からずまごまごしていると、年配の女が「プティタクシーはこのすぐ先に止まるからそこで待ってろ」と言う。

後ろの方から「ムナナに行くんだろう？　こっちへ来い！　そっちは遠回りしてからまた戻って来るから」と若い大柄な女が言った。彼女は踵《きびす》を返して腰を優雅に振りながら確信に満ちた足取りで先を歩いた。私は肩からパソコンバッグを斜めに下げ、背中にリュックを背負い、スーツケースの車輪を段差に取られて躓きそうになりながら、汗まみれで女について行った。タクシーを待つ人たちが道端に立っているのが見えた。タクシーが来ると女は運転手に「彼はムナナに行く」と告げて車の後ろに回ると重いハッチバックの扉をぐいと押し上げて片手で支えながら「荷物を入れろ」と言った。リュックを抱えて車に乗り込み礼を言うと「何でもないよ」と言って彼女はその優雅なリズムで去って行った。ヤニックが話しかけた女とは別の女がこんな風に助けてくれて自分はつくづく幸運だと思う。隣の男がムナナにゆくのかと話しかけてきた。料金は五〇〇フラン。

ムナナに向かうタクシービュス乗り場には青い上下の作業服を着た男が二人いた。仕事が終わってムナナに帰るところのようだ。若い大柄な男が「どこに行く？」と聞くので、ケヴィンのところだと言うと、二人ともケヴィンを知っていて、中年の男が自分も《管理職の町》に住んでいると言う。若い男が券売所で「彼はムナナに行く」と声をかけた。初老の男がどこにゆくのかと私に聞くのでケヴィンのところだと答えた。皆ケヴィンを知っているようだった。ぼろぼろのハイエースに客が一四人乗り込んだ。椅子が足りなくなると小さな木の台を隙間に差し込んで席を作っている。料金は五〇〇フラン。スーツケースは三〇〇フラン。憲兵警察の検問は止まらずに通過。ムナナ警察の検問には誰もいない。左に放射能で汚染したマサンゴの湖が見えた。右はオクロの南端の辺りだ。坂を登り《管理職の町》に向かう坂道がN3と合流するところで青の作業服の中年男が降りた。年配の女が「お前はここで降りろ」と言うが、荷物があるからタクシーを探すと答えた。終点のムナナでは乗ろうとしていた若い男がスーツケースを降ろしてくれた。汚れたズボンとワークブーツにTシャツのケヴィンが迎えに来ていた。

私は昨日の三月二一日の朝に三週間ぶりにリーブルヴィルに戻り、ホテルでこれを書いている。コロナウイルス流行のために帰国の便は欠航となり、国境は閉鎖されている。ケヴィンが「ムナナに居た方が良かっただろう？」と電話の向こうで笑っている。

半年も経たないうちに世界は変化している

ハイヤーで行くのではなく、タクシービュスとその間を繋ぐプティタクシーを乗り継いでムナナに向かったでこぼこの過程には、「社会学習」としての意味があった。社会学習としての人類学。これは私がイースト・アングリア大学（UEA）でエチオピア独裁政権の村落集合化と小農たちの逃亡あるいは抵抗について研究していた頃の指導教員ジョン・ハリスの指導教授だったレイモンド・アプソープから学んだことだった。

一九八七年の秋、私はエチオピアの高原から南ウェールズのスウォンジーに出て来て、ハーグから教えに来たレイモンドと仲良くなった。彼は次の所長になると噂されたが、別の人が所長になり、彼はオーストラリアに移住した。台湾にいた時の調査助手が家族でオーストラリアに移住する際に、英語ができないから一緒に行ってくれと頼まれたのだという。

レイモンドは博士論文を提出した頃、オックスフォードに客員で来ていたルイ・デュモンからパリに来ないかと誘われた。レヴィ゠ストロースを見かけたので紹介してくれと言うとデュモンは嫌な顔をした。レイモンドはレヴィ゠ストロースとデュモンの冷たい関係を知り、この陰湿な体制にも興味を失い、一九五七年からアフリカのロードス・リヴィングストン研究所、イバダン大学、マケレレ大学を渡り歩いた。彼がつくばの家に遊びに来た時、半世紀前に山口昌男が忘れたというスケッチブックを山口のオクサンに届けると言って札幌に向かった。彼は自宅のあるシドニーでは画商だと身を偽っていると笑った。私はエディンバラにいた頃、太平洋地域からＡＮＵに留学してくる社会人らに開発の人類学を教えていたレイモンドの講義を手伝うために二度キャンベラに行ったことがあった。人類学は社会学習だと彼は話していた。それを私なりに解釈すると、人類学者は生きた社会的な繋がりの中に身を浸して雑多な関係を学びながらそこに現れる不可解な対象を記述する。対象は最初から自明ではない。だから民族誌を読むことは社会的な学習の追体験でもある。

三月七日の一六時前、フランスヴィルを出てからおよそ二時間後、私は奇妙な雰囲気が漂うムナナの赤土の広場でケヴィンのピックアップに乗り換えた。この場所の不気味な感じはどこから来るのか？　五感の知覚と堆積した過去の記憶と文献情報と映像記録から臭う隠れた何かだ。ケヴィンが荷物を降ろしてからサッカーを見に来ないかと言うので、一緒にスタッドに行くことにした。ＵＳＴＭからケヴィンの家まで二時間半。悪くない。だが三月一一日の朝九時からＵＳＴＭの階段教室で始まった審理、評決、祝祭の三幕構成の芝居のようなセドリックの博士論文の審査会に行った時、ケヴィンは車を飛ばして一時間で着いてしまった。のろのろ走るタクシービュスとは異次元のスピードは、彼の仕事の感覚やサッカーのゲーム感覚と重なっているようだ。

前回来た時から半年も経たないうちに、幾つかの変化が起きていた。ケヴィンのランドクルーザーのフロントガラスには水平にヒビが入り、荷台は建設現場で繰り返し使われて少し劣化していた。アジア系の男たちがテラスに座ってぼんやりと道を眺めていた家には人気がなかった。世話をする人たちが去った家庭菜園では、マニオックとパパイヤが青々と葉を広げて成長していた。ランドクルーザーは化石燃料を燃やして走る高エントロピーの装置だ。これがケヴィンのライフスタイルを支えている。彼はいつまでこうしてムナナに居るのだろう？　給料が支払われていなかったインドネシア人たちが植えたマニオックとパパイヤは、葉緑体が太陽光エネルギーを使って水と二酸化炭素からデンプンを作り出して酸素を排出する低エントロピーの食用植物だ。これを利用しようとした人たちはもういない。

昨年九月中旬のある雨の日、私は《管理職の町》の坂道を下りながらテラスに座っていたアジア系の男と挨拶を交わした。貯水タンクの辺りでその男が追いついてきた。彼はアグスという名のインドネシア人で、加工した木材を輸出する中国系のＳＭＢで働いていた。ＣＯＭＵＦのウラン製錬工場の瓦礫を埋めた場所の傍に建てられたあの製材所だ。アグスは八年間ムナナにいるので片言のフランス語を話した。中国人は通訳を使うからフランス語を話さないと彼は言った。彼はもう七ヶ月も給料を貰っていなかった。だから畑を耕していたらしい。ＳＭＢとガボン政府の間に税金上の問題があって木材が入って来ないと彼は言ったが、私は二〇一九年三月に発覚した違法伐採問題が操業停止の原因だと思った。放射能汚染について聞くと、ここの湖は汚染されていて魚は危険だと彼は言った。彼は製材所の敷地が高度に汚染していることを知っているのだろうか？　ここで何をしているのかと聞くので、友だちの家に来ていると答えると、「あーガボン人のマダムのところ！」と勝手に納得している。その日、坂道を登って帰る途中で会った青い作業服のガボン人は、ＳＭＢには未来がないから辞めようかと思うと話していた。ＣＯＭＵＦの娯楽施設の先の木々を焼き払った場所ではマニオックが生い茂っていた。

家に着くと九月に来た時にケヴィンの妻だと思った人とは別の女がいた。（フランス語で femme は女／妻／愛人だから、女が妻でも愛人でも femme であることには変わりはない。一方 homme は男／愛人であり、femme と結婚した homme は mari すなわち夫となる。だから femme と homme は非対称だ。私はケヴィンの女と書くべきだった。）今度の女はずっと若く、ジーンズを履き、耳には白いイヤホンをしている。ヤニックからケヴィンの彼女の名前はメリカと聞いていたが、それは別の女の名前だった。私がそれと知らずにメリカと呼ぶので、ケヴィンが彼女の名前はイルマだと教えてくれた。イルマはフランスヴィルの専門学校で安全管理の勉強をする学生で、ムナナではあまり見かけない都会的な格好をしている。前の女は料理や掃除や洗濯をしたが、イルマは最小限にしかやらない。彼女は家にいる間はケヴィンの寝室にいるか居間でケベック訛りのフランス語吹き替えのアメリカ映画を見ていた。

不可解なことに、夕食はケヴィンと私が一緒に食べた後、イルマは一人で食べた。前の彼女も、ケヴィンとセドリックと私が夕食を食べ終わった後、一人で食べていた。皆がそうなのではない。ケヴィンと二人で彼の上司のクリストフの家に招待された時、妻のパッチェリは会話に加わり夕食を一緒に食べた。クリストフとパッチェリは母系制のゼビだ。都会育ちのパッチェリはゼビを話さない。彼女が西洋的なのか。ゼビの女の地位が高いのか。

イルマの母はゼビ、父はファンで、彼女はゼビを話す。母系制（matrilinéaire）のゼビの女と父系制（patrilinéaire）のファンの男が結婚したら二人の子供の民族は何になるのか？　イルマの母と父の関係、イルマとケヴィンの関係の先に何が続くのかと思ってケヴィンに聞くと、「自分の考えでは、結婚したら家父長制（patriarcal）、結婚しなかったら家母長制（matriarcal）になると思う」と言った。親族集団の図式を使って結婚後の子供の帰属について考えようとした私には想像もつかない答えだったが、確かにそうだ。男と女の性的な関係から子供が生まれ、その男と女が結婚しないことは多い。イルマもケヴィンも母親だけの家庭で育った。イルマは家母長制の世帯の母系制のゼビで、ケヴィンは家母長制の世帯の父系制のファンなのだろう。

イルマは私とケヴィンが夕食を買いに行く《アンビエの町》のマダム・アガートの厨房の向かいの娘だった。彼女は数日ふさぎ込んでいたが、三月一五日の夜に荷物をまとめて母の家に戻った。翌日マダム・アガートのところに夕食を買いにゆくと「二日続けて見かけたがどうした？」とケヴィンに聞いている。ケヴィンは嫌そうに「後で話す」とだけ答えた。この出来事はコロナウイルスのパンデミックと関係があった。

三月一七日の午後、ケヴィンの三歳になる娘とその母親がリーブルヴィルからやって来た。全ての学校が閉鎖されたからだというのが私が聞いた理由だったが、理由は他にもあるのだろう。母と娘はファンで、ケヴィンの図式では家母長制のファンだ。娘の母は家の掃除を始めた。まず台所を磨き上げた。翌日も前の女の痕跡を全て消そうとするかのように殺菌剤で床を磨いていた。空っぽだった冷蔵庫には食料が詰め込まれ、棚の上にはマニオックとバナナと米が並んだ。広場の小さな店でケヴィンがトマトの品定めをするので店の女が「妻（femme）が来たのか？」と笑って聞くがケヴィンは何も答えなかった。あの後、国内移動は禁止になった。ケヴィンの娘とその母はムナナの家の中で存在感を強めているだろう。

彼らは知っていたと思う

三月七日の一六時過ぎ、イルマを《アンビエの町》で降ろしてから、私たちはスタッドに向かった。建設禁止と耕作禁止の赤い標識が立つウラン鉱山跡の向こう側に四つの照明塔が見えるが、あれは点灯しない。スタッドのコンクリートの段に座るとピッチの向こうの丘陵の右手の方、丘の南の方に水源地の水を貯めるタンクがあり、その少し北にＣＯＭＵＦのディレクターの屋敷が見える。その先にはＣＯＭＵＦの娯楽施設がある。正面より少し左手には飛行場があったはずだ。私は前の年にセドリックとこの飛行場を探しに行ったが、草木に阻まれて辿り着けなかった。飛行場の手前には展望所があり、私はそこからムナナを見下ろした。

鉄パイプの手すりだけが残る展望所の真下には、上から見るとＨの形をしているので《Ｈの町《カルティエ・アシュ》》と呼ばれる警察の集合住宅が二列に並び、その向こうにムナナの人工湖と円形のウラン鉱山跡とスタッドが見えた。《管理職の町》の住人だったポール・ジャクーが一九七五年に撮影した八ミリフィルムには、クリスマスイヴにセスナで飛んで来たサンタクロースを迎える大勢の子供たちと女たちと男たちの普段着の姿が写っている。黒人は一人もいない。子供たちがサンタクロースと一緒にランドローヴァーのピックアップの荷台に乗って戻ってゆく。レヴューの真似ごとが繰り広げられた夜会の場面の後、朝日に照らされたムナナを展望所から望むカットが挿入されている。その年に採掘を終えたばかりの露天掘り鉱山跡は水を湛えている。その向こうに禿げた土地が続く（Jacquot & Jacquot 2018）。そこにスタッドが造られた。

一六時一五分、黄色のモアンダと青色のムナナの試合が始まった。ケヴィンがクロスに走り込んでヘッディングをしたが枠を外した。彼はボールが来ると猛然と走るが、それ以外は歩いている。相手チームには足の遅いフランス人が一人いてシュートチャンスでもパスをする。黄色が得点を重ねてゆく。

私は丘の上の貯水タンクがここからどう見えたのか想像する。一九八三年か一九八四年頃にムナナを訪れたと思われる藤井勲が展望所から撮影した写真には、《刷新の町》へ向かう道の南側には水が溜まった露天掘り鉱山跡、北側には一九八〇年から採掘が始まったボインジ地下鉱山の櫓《やぐら》が写っている（藤井 1985：54）。ンガマボウングの沢にはウランの鉱滓が捨てられていたから水は飲めなかった。きれいな水は、丘の上で取水されて濾過された後、貯水タンクに溜められ、そこから労働者たちの住宅に水道が引かれていた。だから丘の上の貯水タンク、ディレクターの屋敷、管理職の娯楽施設、軽飛行機が発着する飛行場には、現実を超えた期待や象徴的に特別な意味が付与されていただろう。

一七時五五分に試合終了。四－〇でモアンダが勝利。この場所が何だったのかを忘れさせるほどに普通の土曜日が演じられた。スタッドの西隣りは埋め立てたウラン鉱山、南側はウランの尾鉱と鉱滓を捨てた谷を水没させたンガマボウングの人工湖だが、ここからは見えない。ダムの水は汚染していて、その下流には鉱滓の平原が広がっている。COMUFの放射能測定の結果はムナナの人たちには何も知らされていない。夕日が沈んだ。

一九五九年にCOMILOGのロープウェイがモアンダとコンゴ共和国のムビンダを結び、一九六二年にコンゴ＝オセアン鉄道が完成すると、ウラン鉱石はムナナからモアンダに陸路運ばれ、モアンダからムビンダまではロープウェイ、そこから鉄道でポワント＝ノワール港まで運ばれ、そこから船でボルドーまで運ばれた後、陸路グーニョンに運ばれた。グーニョンには一九五五年にＣＥＡが創設したウラン製錬工場があり、イエローケーキはここで作られた。一九六二年には八万トンのウラン鉱石がムナナからグーニョンに運ばれた（AFP 2017）。ムナナには一九六一年に製錬工場が建設されたから、ムナナにおけるイエローケーキの生産は徐々に増えたと考えられる。グーニョンの施設は役目を終えて一九八〇年に廃止された。コジェマはこの施設を解体して、汚染物質を地下に埋めて廃止措置は完了した。その後、その場所にグーニョンＦＣのサッカースタジアムと駐車場が建設された。こうしてグーニョンのウラン製錬工場の跡地は正常化《ノルマリゼ》していった。二〇〇七年にムナナの労働者たちの住宅の放射能汚染を調査したＣＲＩＩＲＡＤが、二〇〇八年にグーニョンのスタジアムの南側の駐車場が放射能で汚染しているという調査結果を公表した。アレヴァは汚染の事実を認め、この駐車場は立ち入り禁止になった（Castanier 2008）。もしＣＲＩＩＲＡＤがグーニョンのウラン製錬工場跡地の放射能汚染を公表していなかったなら、グーニョンＦＣのサポーターたちは何も知らずに被曝し続けていただろう。そこには人々を魅惑して参与させる「魅惑する技術」が使われていたからだ（Gell 1992）。

選手たちはそれぞれのベンチに引き上げて来るが、ケヴィンはまだモアンダのベンチ前で握手している。彼はより良い社会的な関係を作るための努力を惜しまない。試合後、ムナナの中心にあるスナックバーの庭にテーブルを並べて、両チームの選手がビールを飲み始めた。ケヴィンはジュースを少し飲むと出たり入ったりして落ち着かない。モアンダを代表してあのフランス人が、勝ち負けの関係なく交流できて嬉しいと挨拶をした後、ムナナを代表して背の高い痩せた男がありていの挨拶を返した。男はケヴィンの上司のクリストフだ。スナックバーが建つ場所には彼の生家があった。彼は小さな建設会社の経営者で、アレヴァが二〇二一年までに建設する予定の二〇〇棟の家を一〇の建設会社で競争しながら建てている。工期が遅れると支払われる金額が減る仕組みだから、彼らは土日も働く。会社の事務所は、ボインジ地下鉱山の跡地近くの空き店舗が目立つ公設市場にあり、資材置き場はスナックバーの裏手にある。仕事の後、資材の間に座って一人でヤシ酒を飲む彼の姿を私は何度か見たことがある。

クリストフはムナナの露天掘りが終了した翌年に生まれた。ここはCOMUFが来るまでは小さな村だった。村の名前はマサンゴと言った。モアンダから来る時にムナナ警察の検問所があるマサンゴだ。フランス人がマサンゴに来てここはどこかと聞くのでマサンゴと答えた。彼は今のムナナの中心まで来てここはどこかと聞くのでで「ムーナナ」（ずーっとだ）と答えた。ずーっとマサンゴだという意味だった。フランス人はそれを勘違いして、この辺り一帯を全てムナナと呼ぶようになった。

クリストフはダンプカーが連日のようにボインジ地下鉱山跡に土を運び入れた時のことを覚えている。覆土で鉱山を隠し、その上に植物を植え、耕作禁止にして再整備は完了した。彼は資材置き場の奥の方のバラックを指差して、あの家は汚染しているがその隣は汚染していないと私に言った。コジェマは放射能の危険については何も言わず、働く人々は無知だった。崩落事故で人々が死に、毎年二〇人くらいの奇形児が生まれ、肺癌で人々が死んでいった。《刷新の町》にも、この《カルティエ・ムナナ》にも汚染した建物がたくさんある。「コジェマは知らなかったと言うが……」クリストフは沈黙して「彼らは知っていたと思う」と言った。アレヴァはニジェールでも同じことをしていると友人がメールで教えてくれたという。アレヴァはウラン鉱山のあるアーリットに住んでいる。アレヴァの誰かと話しても本当のことを言わない。問い返すと仕事がなくなるから彼は黙っている。支配する者と支配される者の厄介な間主観性と断絶。クリストフは不思議な人だ。アレヴァから仕事をもらい、アレヴァに不信感を抱き、《管理職の町》でコスモポリタンなスタイルの家に住み、資材置き場でヤシ酒を飲む。

フィールドノートを書きながら

昨夜はモアンダのチームが引き上げた後もムナナの選手たちはビールを飲み続けた。彼らは興奮したように話し、黙ってスマートフォンをいじり、また大声で話した。ケヴィンの身振りと言葉がそれに共鳴していつもとは違う感じだった。私はカメルーン産のグレープフルーツ味のジュースを飲んでいたが、クリストフにレガブを勧められて少し飲むと彼の話は遠ざかり意味のない声だけが聞こえていた。「行こう！」とケヴィンが言った。周囲は再び意味で満ちている。私たちは《アンビエの町》のマダム・アガートの厨房にゆき、マダムが勧めるので焼いたイノシシの肉を注文して、マニオックはどうすると聞かれたが、ケヴィンはいつものように茹でたバナナにすると言った。向かいの家から出て来たイルマを乗せてスナックバーに立ち寄りクリストフに夕食の包みを手渡してから《管理職の町》の奥の方にあるケヴィンの家に戻った。

長い一日だった。ケヴィンと私は遅い夕食を食べながらこれまでのことを話した。イルマは寝室に入ったきり出てこなかった。ケヴィンは眠そうな顔をしていたが、一人で居間に残り、スマートフォンで「外の世界」に接続していた。

エンジンのアイドリング音が聞こえる。回転数が二度上がり音は遠ざかった。今日も仕事だ。ケヴィンは朝七時二二分にエンジンをかけて車の調子を確かめてから七時二五分に出発する。アレヴァは放射能で汚染した一五〇戸の家を取り壊して二〇〇戸建てると言う。五〇戸は無償の贈与という意味らしいが、汚染した建物は他にもある。例えば公設市場。なぜ汚染した住宅が一五〇で新しい住宅が二〇〇なのか？　それは五本指の人間にとって分かりやすい物語だ。そうやってパトロンを演じるのか？

私は窓際のダイニングテーブルでメモ帳を見ながらフィールドノートを書いた。朝から強壮ドリンクとギネスを割って飲む男、タクシービュス、モアンダの乗り換え、スタッド……。一〇時過ぎにケヴィンがパンと卵を買って戻って来た。まめな男だ。イルマが具合が悪いからこれから病院に連れてゆくという。彼は仕事の合間に人に頼まれたことをジャグリングする。だからケヴィンの車に乗せてもらうと、多様な人々のそれぞれの用事に付き合って迂回に迂回を重ねることになり、五キロ歩けば帰れるところを何十キロも走行することになる。ランクルのピックアップに乗ったケヴィンは広い領野で様々なエージェントたちを媒介するから一緒にいると見えない社会的な繋がりについての気づきが起こる。

前の年にケヴィンのピックアップに乗ってムナナからモアンダに向かう途中、憲兵警察の検問所を通りかかった時、私のパスポートを執拗に調べたあの女が手を振りながら走って来た。ケヴィンは車を止めた。何が起こるのかと思っていたら、紺色に金ボタンの制服の女はケヴィンに五〇〇〇フラン札を手渡し、帰りにマニオックを買ってきてくれと頼んでいた。金を巻き上げるのではなく、金を渡していたのだ。

二度目の滞在中のある日の午後、ムナナの赤土の広場で、女が店から出てきてケヴィンに止まってと合図して古びた鍵を手渡した。ケヴィンは広場でスナックを食べる中学生たちを乗せ、その先の道端でも次々と制服の子供たちを乗せて坂道を登り、あちこちで生徒たちを降ろしてケヴィンの家の五〇〇メートルほど手前でクラクションを鳴らした。白いブラウスと紺のスカートの女の子が走って来た。ケヴィンはその子に家の鍵を渡した。この時間帯に乗せるのは家に帰る中学生だ。次はリセの生徒たち。ケヴィンは家で私を降ろすと再び町の方に走り去った。私はなぜ人々のためにそこまでやるのかとケヴィンに聞いたことがある。彼は少し考えて「ソシアル……」と言った。なぜ社会的な繋がりをそこまでして作り上げる必要があるのか？　よそ者で親族がいないからなのか？　嫉妬から妖術にかけられることを避けようとしているのか？

日々のソシアルな関係はクリストフのゼビの母系親族らが住むムナナの中心から北西八キロの集落まで延びている。仕事のついでに誰かを乗せるのではなく、汚染していない水にマニオックを浸して毒抜きをするために出かけた女たちを迎えにゆき《アンビエの町》や《刷新の町》の家まで送り届ける途中で男たちをさらに乗せる。ケヴィンは仕事のために単身ムナナにやって来た北の人で、今は何でも自分でやれるから楽しいが、学ぶことが無くなればやめると言う。

私はがらんとした家の中でフィールドノートを書きながら、洗濯物がずらりと干してあって家の中に複雑な社会的な繋がりが入り込んだ家に間借りして調査ができたらどんなにいいだろうと考えた。だがここは家に一人でいられるから静かにノートが書ける。窓の向こうの家には色々な人たちがバイクやピックアップや乗用車や徒歩で訪れ、朝から鶏たちと人々の声が聞こえてくる。よそ者で独り者のケヴィンの家を訪れる人はいない。ここは親族や姻族のネットワークから外れている。しかし迂回を重ねて多様なものたちと選択的に出会い続けながら仲間を求め、潜在的な連れ合いたちと小まめに交換をするケヴィンのソシアルな活動は、多様な異種（variation）を生み、最も不適応なものが緩やかに除去（elimination）され、生き残った多様な表現型（phenotype）たちが、偶然の機会と性的選択を通してしばし番《つが》い、多様な異種をさらに生んでゆく自然選択の過程と重なって見える（cf. Mayr 2004）。

私はノートを書くのを止めて、水が漏れる水道の元栓を閉め、勝手口の扉の二つの鍵をかけ、鍵束を電気メーターの上に置いた。向かいの家のテラスから男がこちらを見ている。私は男に挨拶するために庭を横切った。ベルナールは生命力に溢れた六二歳。私をベンチに座らせるとふだんは朝から飲まないんだと言いながら奥に声をかけて冷えたレガブを二本持ってこさせた。ベンチの上に置いた自分のグラスに注意深くビールを注ぐと残りを若い太った女に手渡した。ベルナールの両親はガボン南部からコンゴ共和国にかけて居住するプネで、マサンゴという言葉を話すという。テラスの前では中学生くらいの女の子がマニオックの葉を臼でついている。たくさんの子供たちが遊んでいる。今日は日曜日。精悍な青年たちもいる。息子たちと娘の夫だ。幼児と一緒の若い女を見かけたこともある。鶏がかけまわり、ひなを連れた雌鶏もいる。ケヴィンの庭も鶏たちの縄張りだ。ベンチの横には薪が無造作に置かれ、その傍らの木箱の中で雌鶏が声をあげた。卵を生んでいるとベルナールが言う。彼はカメルーン、赤道ギニア、ブルキナファソ、ナミビアで働き、個人事業者としてＣＯＭＩＬＯＧの下請けの仕事をしていたが、今は八ヶ月収入がない。この家は政府から買った。若者の一人がステーションワゴンから白い液体の入ったペットボトルを持って来た。川の滝のある場所を知ってるかとベルナールが私に聞く。その近くでヤシ酒を作っているという。彼らはヤシ酒を採ってくる時に薪も集めてくる。私は前の年にこの家の二人の女たちと子供たちがケヴィンの家の横を通って庭の下の斜面で焼畑をするために火を放っているのを見たことがある。夕方になるとピックアップの荷台に乗って家族たちが帰ってゆく。ここは彼らの前線基地なのだろう。

庭にはドラム缶の竃と石の上に鉄の網を置いた炉がある。プロパンガスが高いので薪で料理をしている。ベルナールには子供が二四人いて、一人目の妻は子供ができずに家を出て行った。二人目は子供を一人産んで別の男のところへ去った。三人目は七人の子供を産んだ。テラスに出て来た三〇歳の四人目の妻が六人産んだ。小さな子供たちは孫ではなかった。結婚しなかった女たちとの間には子供が一〇人いるという。私がその多産性に驚くと、ベルナールはアフリカでは普通だと言った。ケヴィンの女/愛人/妻（femme）が頻繁に変わることは、アフリカでは普通のことだ。私はその普通に比べたら全く普通ではない自分の今までの日々を振り返った。私には彼/女らのような豊かなセクシュアリティがなく、与えられた生命力を別のところに注いで生きてきた。私は生命の共生と交叉と進化と変異の歴史、我々のような個々の表現型がそれとは知らずにかかずらう自然選択の過程に心を惹かれて探索し思索するが、ここで会った人たちのようにそれを生き生きと生きていない。

第4章　歩きながら触れて触れられて考える

茂みの中に消える人たち

ベルナールの庭にはサトウキビ、タロイモ、パッションフルーツが植えられ、庭を取り巻く茂みとの境ではバナナが育っている。茂みの中の焼畑ではマニオックを栽培している。どこかの川辺ではヤシ酒を作っている。この家と交流のある単身者用の建物に住む家族は、母親が子供たちの洗濯物をいつもたくさん干しているが、ここは洗濯物の数が少ない。ベルナールの家では男も自分で洗濯する。吊るされた洗濯物は雨が降っても取り込まれない。女たちは子供を連れて、ケヴィンの家の横を通り過ぎ、南の斜面の茂みの中に消える。斧を手にした若い男も茂みに入ってゆく。茂みの中の別の小道を通ってベルナールの家に来る男たちもいる。私は道を歩いていた人が茂みの中や草叢の中に不意に姿を消すのを見かけると入口を確かめた。時には自分でも中に入って歩いてみた。私はこんな風にして道を歩き、草叢の中の小道を通って別の道に出る歩き方を覚えた。

私はグーグルマップでベルナールの家とその隣の廃墟を確かめようとして、おかしなことに気がついた。ベルナールの家とその隣の廃墟がない。ケヴィンの家から見えるベルナールの家が、グーグルマップでは森になっている。私は木のパターンを見ているうちに、同じ木々が繰り返していることに気がついた。ムナナにはグーグルマップで確認できない場所がとても多い。ベルナールの家の数百メートル東から先は道が隠されていて、セドリックと歩いたンガンゴラの小川は見えない。その先の飛行場跡はおろか、その先はどこまでもぼかされている。マサンゴの南側も隠されている。中国の鉱山会社がムナナでマンガンの採掘を始めたが、その場所を確かめることはできない。マサンゴから東へ向かう道路と西へ向かう道路も隠されている。ここは隣の家でさえも隠されている。だから私は自分の足で歩き回り、耳を澄まして音を聞き分け、目でパターンを認識し、肌で触れた感じを記憶し、匂いを覚え、口にすることが可能なものは口に入れた。そして出会った人たちとは些細な会話をした。出会いを身体化するのが先だ。考えるのはその後だ。そうしなければ前提を変えるような発見は起こらない。

私はベルナールの家からＣＯＭＵＦの娯楽施設の方へ向かった。向こうから男が来たので挨拶すると「金をくれ」と言った。私が答えに窮してそれはできないと答えると、男は「メルシー」と立ち去った。男のメルシーが私に引っ掛かった。私は礼を言われるようなことは何もしていない。本当に困っているのだろう。例の洗濯物がたくさん並ぶ家の手前のマニオックが勢いよく葉を広げた焼畑に差し掛かると、小さな男の子が木の枝で検問所を真似て行く手を遮り、「お金」と言った。きみにお金をあげたら二人目三人目にもお金をあげなければならないからだめだと答えると、男の子は「明日ちょうだい」と言った。私のロジックは全く通じていなかった。ケヴィンの家からCOMUFの娯楽施設まで丁度一キロだ。二つの建物の間を畑にした場所がどうなっているのか確かめにゆくと、小さなピーマンのような形をした激辛の唐辛子が実をいっぱいつけていた。ムナナの広場では五個で二〇〇フランだ。若いパパイヤの木々も実をつけている。敷地内には松ぼっくりがたくさん落ちていた。丘の上のヨーロッパ的な景観の中に中部アフリカの生活が侵入している。黒人が初めてここに入ったのは一九九〇年というからもう三〇年になる。COMUFは一九九九年に撤退したが、その九年前の業績が悪化した一九九〇年には終わりが始まっていたのだろう。私は坂を下ろうとして寒気を感じた。

ガボンに来て一週間を過ぎた頃から体調は下降気味だった。私は肛門に力を入れてケヴィンの家の方へそろそろと引き返したが、もう少しのところでがまんできなくなり、茂みに駆け込んで用を足して、手に届くところにあった大きな葉っぱを引きちぎった。しゃがんでいると寒気が引いていった。背後で枝を広げる木の気配、ガサガサと移動する小動物の足音、木の上の鳥の鳴き声、道に射す太陽の光、周囲世界が戻って来た。下痢をこらえて歩いていた間、私の知覚は極端に狭められていたことに気づく。妄想も固定観念も私を同じように閉ざすだろう。だから私はこの世界を歩いて存在する多様なものたちに触れて触れられなければならない。ペースを落とせばきっと活動できる。家に戻って体を洗いフィールドノートを書いているとケヴィンが戻って来た。私は誘われるままに三つの建設現場を訪れ、資材置き場で必要なものをピックアップに積み込むのに付き合い、ムナナの北にマニオックの毒抜きに行った女たちを迎えに行き、夕方に資材置き場に戻った。その日は日曜日だった。クリストフが休日手当を皆に手渡していた。若い労働者は五〇〇〇フラン、中堅の労働者が一万、親方と現場監督のケヴィンが二万。

その日、クリストフの二列シートのピックアップは修理工のところにあったので、私たちは《刷新の町》まで歩いた。すれ違う人たちは皆「ボンソワール」と挨拶していった。「ボス」と声をかける人もいた。私たちはボインジ地下鉱山跡と露天掘り鉱山跡に挟まれた赤土の道をゆっくりと歩いた。写真を撮ろうとするとクリストフが「気をつけろ!」と言った。

半年前に私はケヴィンとセドリックと三人でオクロにゆこうとしたが、生い茂る草木に阻まれて車が進むことができなくなり、グーグルマップから消された新しい道路を通ってN3に出て、男たちがビールを飲むムナナのスナックバーでグレープフルーツ味のジュースを飲んだ。その日も日曜日だったがケヴィンは仕事があったので、私はセドリックとムナナを歩いた。フランス系の小さなスーパーマーケットCECADOの外で二人の男がビールを飲んでいた。私が店の看板の写真を撮ると二人は怒り出した。私は看板の写真を撮っただけだと説明したが二人の怒りは収まらず、セドリックが言い返して険悪な雰囲気になった。硬い表情のセドリックが「行こう」と促すので、私たちは二人を無視して立ち去った。役場の手前で今は閉まっているバーの中から警察官が出て来た。彼は私に何をしているのかと執拗に聞いた。査証があってもお前がここで何をしているのか私に報告する必要があるのだと言う。警察官は酒臭く、私が何を言っても同じことを繰り返した。セドリックが「わかったわかった行こう」と私を促して私たちはその場を立ち去った。「酒を飲んでいたあの二人が警察官に電話したんだ」とセドリックが言った。私はあれ以来、彼らとどこかで会うことを恐れていた。

よそ者のセドリックと歩くのと、ムナナで生まれたクリストフと歩くのとは大違いで、あれから私が一人で歩いていると多くの車はすれ違いざまにクラクションを鳴らして合図してくるし、乗り合わせた人たちは手を上げる。見知らぬ人が車を止めて乗せてくれることもあった。私はヤニック、セドリック、ケヴィンの繋がりを辿ってここまで来た後、クリストフと知り合いになり、彼を通して様々な人々の活動や仕事の一端に出会うことになった。クリストフは見たことのないソシアルな模様を織りながら合間に仕事をしているように見えた。

ある日の午後、公設市場の前の坂を歩いてボインジ地下鉱山があった辺りまで来ると、「ヤスシッ」とクリストフが下の方から呼ぶので私は坂道を再び下りた。家まで送るから車に乗れと言う。彼は《管理職の町》へ向かう坂道を通り過ぎ、身の上話をしながらモアンダに向かい、銀行で融資の相談をしながら登記所で働くパッチェリと落ち合い、レバノン人の資材屋でワイヤーメッシュとセメントを買い、母系親族の甥が経営するタイヤ屋に立ち寄ってチューブで作ったゴム紐で積荷を縛り、モアンダに買い物に来ていたムナナの薬剤師の女を乗せ、豚肉を鉄板で焼いて切った「クペクペ」を皆に振る舞い、ムナナに戻ると弟を乗せて母系親族が住む村の少し先の呪医のところに治療にゆき、帰りに祖母が住む家に寄って親族の男にヤシ酒を持って来させ、何時間も経過した後で私を資材置き場で降ろした。そこは私が車に乗った地点よりも数百メートル後退していたが、それはムナナの生活世界を知る上で何とも素晴らしい螺旋運動だった。

ウラン製錬工場の瓦礫を埋めた辺り

ケヴィンの家からムナナの方へ歩き始めると見知らぬボロ車が止まっていた。誰かが茂みの中をガサガサと歩きながら他の誰かに向かって話している。年配の女の声が応答している。少し離れた所からさっきの男の声が聞こえる。男は木を切っている。斧の力強い音ではなく、サクッサクッと木の幹を切る山刀の音だ。その前を通り過ぎようとした時、ギーと音を立てて木が倒れて来たので私は駆け抜けた。茂みの中に小柄な男の姿が見えたので「木を切っているのか?」と声をかけると、「俺は木を切っているよー」とのんびりした声が返って来た。私は以前からそこは道端に電線が垂れ下がって危険だと思っていたので、電力会社の人が来て作業しているのだろうと思い込んでいた。倒れてくる木を避けて走った時、私はこの思い込みが違っていたことを知った。周囲世界の不明な部分はこのような思いなしによって問いを閉じられ、あるいは何も問われないままやり過ごされる。あの二人は焼畑に適した場所を探していたようだ。後日、私は男が木を切っていたところから茂みの中に入り、女がガサガサ歩いた場所を自分の足で歩いてみた。茂みの中には木を切り倒した跡と人が歩き回った跡が残っていたが、私にはそれ以上のことは分からなかった。そこに戻り、何が起きているのかを確かめなければ、あれが何だったのかは分からない。それはケヴィンに聞いても分からない。山刀を持ち歩く人たちと歩かなければ、森を歩く感覚は知ることができない。

ムナナは最初はCEA、続いてコジェマの直轄領のような場所だった。ムナナはインフラストラクチャーや地域との関係において、モアンダやフランスヴィルとも繋がっている。モアンダにはマンガンを採掘するフランスの巨大な鉱山会社エメレットが支配するＣＯＭＩＬＯＧがあるだけでなく、ムナナにはない銀行、ガソリンスタンド、レバノン商人の資材屋、鉱山開発の専門学校、駅、市場などがあり、ここの人たちはモアンダに働きに行ったり買い物に出かけたりする。

フランスヴィルには総合病院、空港と駅、理工系のＵＳＴＭなどがある。また子供が三〇人以上いた二代目の大統領オマール・ボンゴが、ガボン人の生殖能力を高める目的で設立したＣＩＲＭＦ（フランスヴィル国際医療研究センター）では、エボラの研究と軍人たちのエイズ感染対策の研究が行われている。生殖能力を高める目的と言うと、性への強迫観念に取り憑かれているようにも思えるが、ウイルスが宿主の細胞の中で遺伝子情報をコピーして増殖する仕組みを生殖能力への関心に含めると、これはウイルスと生物に共通の関心事だと言えそうだ。チンパンジーのＳＩＶが人間に感染してＨＩＶになり、コウモリを宿主にしたエボラウイルスも遺伝子が変異して人間の細胞に侵入して増殖できるようになったという。どのようにして人間に感染するようになったのか私には分からないが、人間の生活の変化と熱帯雨林の生態系の変化が、ウイルスと生物の関係を変えているらしいことは想像できる。

フランスヴィルのポトポト市場には多様な商品がならび、夜更けから未明にかけてスナックバーやキャバレーが店を開くと、そこは異様に生き生きとした場所に変貌する。私はヤニックと材料研究が専門のウィルフリードに誘われてその地区を訪れたことがある。私たちは二軒の店をはしごした後、屋台で肉と玉ねぎとインゲン豆をバゲットに挟んで唐辛子のソースをかけたサンドイッチを食べて帰った。最初の店では小柄で細身の可愛らしい顔の若い女がウィルフリードの隣に座り強壮ドリンクを飲んでいた。二軒目ではピンクのネオンが輝き、ミラーボールが回転し、人気のＵＳＴＭのラッパーの音楽と映像が流れていた。客は視覚と聴覚を支配されて、単純明快なことをやるか、残された感覚に特化したことをやるか、黙っているしかない。幾つかの発見、例えば強壮ドリンクと性的能力の関係について人々が何をしているのか見聞できたのは良かったが、私にはどちらも居心地の良い場所ではなかった。ウィルフリードは仕事のストレスのためにここに来るというが、私はそんな仕事の方が問題だと思う。こうして生まれた欲望は、ラカンの対象ａのように、決して満たされることはない。

ムナナは、ウラン採掘のために旧宗主国の制度と組織に取り込まれた後で放棄されたが、質の異なる繋がりが森の中に拡がっている。私は銃を持って狩猟に出かける男たちや、斧と山刀を手にして茂みに向かう男たちを時折見かけた。女たちは籠を背負って森の中の畑や水場にゆく。彼女たちは手に山刀を持たないが、籠の中にはそれが入っている。私は二本の山刀を籠に入れて歩く女を見たことがある。男の子は小さくても男らしく手に山刀を持って歩く。ムナナは女や子供たちが作業に出かけるいくつもの谷間が放射能で汚染されている。

森林伐採が森を侵食している。カリマンタンやサバでも同様のことが起きている。インドネシア人やマレーシア人らが森林伐採の仕事のために中国の会社に雇われているのはこのことと無関係ではないだろう。COMUFのディレクターの屋敷の向かいの木造の大きな建物の前にはランドクルーザーのピックアップが四台駐車してあったが、人影を見たことはなかった。ある日、男が二人出て来て前の方をぶらぶら歩いていた。二人とも上半身ががっしりしていて、短足でがに股だった。二人に追いつき「あなたたちはどこの出身?」と聞くがフランス語が分からないらしく「七人」と言う。七人で住んでいるらしい。「どこの国から来たのか聞いたんだ」と言うと「国」という単語を理解したらしく「インドネシア」と言った。「ここで働いてるのか?」

と聞くと「木《ボア》」と言って北西の方を指して「森《フォレ》」と言った。「あそこの工場か？」と聞き返すと、製材所の方を指して「ちがう」と言って、北西を指して「森」と言う。彼らはSMBではなく、SSMOに雇われている。男は一一ヶ月仕事がないと言う。ケヴァジンゴの違法伐採が発覚して以来SSMOは仕事ができないが、SMBの製材所は再開している。広い家庭菜園のあるSMBの宿舎はクリストフの家の近くにあり、インドネシア人とマレーシア人の男たちの他に女たちもいて、二〇人以上で集団生活をしながら、宿舎と製材所の間をマイクロバスで往復している。ケヴィンによるとSMBはSSMOを買収したという。

その数日前の昼過ぎ、貯水タンクを過ぎたつづら折りの坂を、場違いにセクシーな黒いワンピース姿の大柄な若い女と小柄なアジア系の男が登って来た。暑い時間帯だった。どこから来たのかと聞くとインドネシアだという。どこで働いているのかと男に聞くと製材所の方を指す。男は「イントネシア人？　マレーシア人？」と私に聞いた。中国人は通訳と一緒に車で移動するから、私はインドネシア人かマレーシア人に見えるらしい。土曜日は製材所が休みだから、インドネシア人の男はふた回りは大きい女と宿舎にしけ込むのだろう。

坂を下ると、私はN3を横断して、いつものように病院の横を通ってムナナのウラン鉱山跡の方へ歩くのではなく、それよりも一段低いところを平行して製材所の脇を通る土の道を行ってみることにした。国道をモアンダの方向に少し戻り赤土の道に入ると、左は立ち入り禁止で、右は病院の横の道と並行した低い道だ。坂を下り始めると病院は木々に隠れて見えなくなった。車が来たら私には隠れる場所がない。だが今日は土曜日だからその確率は低いだろう。線量計の表示は0・20、0・21、0・22、0・24、0・25、0・26、0・27、0・26、0・25と推移した。ウラン製錬工場の瓦礫を埋めた辺りが少し高い。この傾向は上の道でも同じだ。製材所からは音がしなかった。煙突から煙も出ていない。製材所の入口付近に人影が見えた。特別のことは何もなくただそれだけのことだった。道の終わりには草も木も生えていないから私は丸見えだった。私はその緊張に耐えられなくなり、いつの間にか駆け出していた。ゆっくり歩いた方が自然なのに。そこは不自然なほど不気味な所だった。

湖の小道には蛇がいる

激しい雨の後、私の野糞の痕跡は消えている。バクテリアが有機物を見えないところで分解しているだろう。草いきれがする。葉が何枚か欠けた植物が、葉を失った出来事を記憶している。この個体も程なく枯れて、地下茎から別の茎が芽吹くだろう。少し離れた茂みの中に捨てられた大量のペットボトルはそのままだ。消費されるようになって間もないプラスチックのゴミは、森の外縁で森の生態系の食物連鎖の外に放置されている。

いつの頃か単独で活動していたバクテリアが植物の祖先となる真核生物の細胞の中の葉緑体という細胞小器官となり、細胞内で生き続けている。私の細胞の中のミトコンドリアもそんな歴史をもっている（Margulis 1998 : 13-32）。太陽エネルギーを利用する光合成によって大気中に有害な酸素が存在するようになった二〇億年前、ウランは酸化し水に溶け出し、オクロの沼地に生息していた原生生物は、有毒なウラン化合物を、細胞質を避けて細胞膜に付着させて、これが堆積してウラン鉱石になったと考えられる（Lovelock 2000 : 86）。有害なカルシウムを殻や骨や歯として体に取り込み、細胞質を避けて有害なウランを細胞膜に蓄積させるカラクリを生み出したように、生物はプラスチックを体の一部として巧妙に取り込む進化を遂げるのか？　私の奥歯には白いプラスチックが歯の部分として挿入されているが、これは異次元のスピードで進行する人間のサイボーグ化によるものであり、自然選択のしわざではない。

むっとする草いきれに全身を包まれて、私は個体と種の生と死を内包するとてつもなく長い生命活動の歴史から生み出されたこの雰囲気を表現する言葉を持たず、夥《おびただ》しい変種を産出した三五億年の自然選択の過程に圧倒される。だが人間は宿主を破壊しながら繁殖し、宿主を病に至らせてもなお貪り続ける。私たちは共生を知らない寄生生物のようだ。

一九五四年から六一年にかけて西アフリカと赤道アフリカでフィールドワークをしたジョルジュ・バランディエは、そこを「あいまいなアフリカ」と呼んだ。バランディエは、母系親族の母の兄弟による意地悪な仕打ちと妖術の恐怖から逃げてブラザヴィルに住むガボン出身の若い男の苦しみ、自分の生殖能力を思い悩みどうやって女に子供を産ませることができるのかノートに書き綴るガボンの若い男の悩み、性行を模した男女の激しい踊りの後で森の中に消えるカップルたちの肉体、シュヴァイツァーの森の中の孤独な生活など、ガボンの両義的な経験の断章を綴る（Balandier 1957）。「あいまいなアフリカ」は、六〇年後のクリストフにも当てはまる。

クリストフが「乗れ」と言った後、七時間半も様々な場所を巡った螺旋運動の中でモアンダからムナナに戻り、弟を乗せてロヨー川を渡ってオゴウェ・ロロ州に入り、マフォンギの手前の小さな集落の呪医の家を訪ねた時の事を書いておこう。クリストフはムナナの北西の検問所を過ぎたところで車を止めて、パッチェリが店でコカコーラを三本買った。その先には店はない。呪医の家では、一人の男が板の上に置いた大きな葉を何かの鉄の部品を使って潰していた。それは何かと聞いても「究極の薬」と言うだけで教えてくれない。もう一人の男が裏庭で患者と向き合って座り、左足を見てから手で触知する。下腿には黒い膿瘍があり、足はむくんでいる。呪医はカミソリを取り出して、足に切れ込みをたくさん入れる。足を薬草で覆い、薄いビニールの袋で包み、その上から包帯を巻いて一〇分ほどで治療は終わった。薄いビニールの袋と包帯はクリストフの弟が持って来た。パッチェリがコカコーラをお礼に手渡した。現金を渡してはいけないからだ。クリストフは帰る途中で母系親族の祖母らが住む集落に立ち寄り、ヤシ酒を調達して、資材置き場の数十メートル西側にある家に弟を送り届けた。道を挟んで二軒の家があり、どちらもクリストフの家だという。

クリストフ自身は三年前から《管理職の町》の貯水タンクの少し上の広大な庭のある大きな平屋で、妻と二人の幼い娘たちと年の離れたリセ最終学年の息子の五人で暮らしている。夕食に呼ばれた時、クリストフは私に「ヨーロッパ風だろう」と自慢した。クリストフは《管理職の町》で上辺はコスモポリタン的なスタイルの生活を維持しながら、家に帰る前に生家があった資材置き場でヤシ酒を飲み、その裏手には他の家族らが住む二軒の家があり、九キロ北西には祖母とその姉妹たちが住む彼の村があり、そこには母系親族の墓があり、ヤシ酒はそこから持ってくる。一週間後にクリストフの弟が住む家を訪ねると、一〇代の若者が二人出て来たのでクリストフの弟たちかと聞くと孫たちだという。彼は四四歳だから一〇代前半の世代交代を二回繰り返さなければ一〇代半ば以降の孫たちは生まれない。彼らは分類上の孫たちなのか？　ともあれクリストフはこうしてゼビを話さないパッチェリと暮らす家と、ゼビしか話さない祖母が住む母系親族の村と家があった資材置き場の間を行き来する。

クリストフは弟を家に送った後、私をスナックバーに招き入れ、あのヤシ酒を飲もうと言ってグラスを持って来させた。黄白色の液体には酸味があってとても甘かった。

「これは甘すぎる」と言ってクリストフはグラスを置いた。男には甘すぎて女にはほど良い甘さなのかと聞くと、「女に乗るには甘すぎる」と言う。そこにはパッチェリもいたが、彼女が何を思ったのか私には分からない。こんな言動にも男たちの生殖能力への強迫観念が顔を覗かせる。

フランスヴィルのホテルでレバノンの強壮ドリンク「エクストラ・エクストラ・ラージ・エネルギー」（XXL Energy）を朝からギネスで割って飲む男を見た後、そこで働く女にあれは何かと聞くと、あれには性的能力を高める作用があり、子供や妊娠している女が飲むと危険だが、女が飲む場合もあると教えてくれた。女が飲むのは性的能力を高めたい時かと聞くと、彼女は笑って「知らない……」と言った。フランスヴィルのスナックバーで若い女がこの強壮ドリンクを飲むのを見た時、ヤニックにこれをギネスで割って飲むのかと聞いてみると、「俺は彼女とやる前に飲むよ」と言って笑った。

二〇二〇年三月一〇日の昼過ぎ、私はウラン鉱山の尾鉱とウラン製錬工場の鉱滓を数百万トン沈めたウガマボウングの人工湖に向かおうとして一人でスタッドに行った。向こうからリセの制服を着た女の生徒がリュックを抱えて小走りに駆けて来て通り過ぎた。その後ろから上半身裸で外したベルトを手にした男の生徒が全力疾走で追いかけてきて私の横を駆け抜けた。男は女に追いつくと肩を抱いて戻って来た。手前の草叢から若い男が出てきてパイプを吸っていた。挨拶をしても返事をしない。ヤクをやっているようだった。別の男が出て来た。挨拶すると今度は反応した。「湖に行く小道はあるか？」「ある。……蛇がいる」。その蛇が隠喩なのか実在なのか私には分からなかった。《刷新の町》の境界でヤクをやっている若者たちとセックスをしようとしているカップルがいる。危険地帯の入り口で生と死の衝動が交叉した欲動が人を駆り立てる。ウランの尾鉱と鉱滓が棄てられた狂おしい森の外縁。私は場違いにも線量計とカメラとノートを持ってこの汚染した湖に向かおうとしていた。ここにいてはいけない。私は二〇一一年に気仙沼で「津波は逃げるが勝ち」と教えられたことを思い出した。一九九六年にガボンでエボラが流行して人が死んだ村では、残った人々は村を捨てて逃げた。逃げた人たちが子孫を残す。災禍から逃げて、生き延びた多様な者たちが性的選択をして、多様な変種をさらに生み出すことは、ダーウィンの自然選択の核心だ。私は草をかき分けて進んだ。

閾を超えるとそこは別世界だった

周囲の雰囲気は急速に変化していたが、私は視界の先と足元を交互に見ながら両側と背後の気配に耳をそばだてて前に進もうとしていた。なぜ？　単調な歩行のリズムがフィードバックを続けて進むことが自動化していたからなのか？　すでに別のアレンジメントの中で決めたことだったからなのか？　私の知覚器官と作用器官は、半ば身体の運動に従って働いていた。だが何かが私の腹と胸と頭の中を駆け巡りこの前進運動に否定的に作用していた。やめた。また今度にしよう。

私はその時の限界と閾について考えようとしている。ドゥルーズとガタリは『千のプラトー』の終わりの方で、「限界」が（最後から二番目の）ペニュルティエームを示して必然の再開を指すのに対して、「閾」は終わりを示して不可避の変化を指すと両者を区別する（Deleuze et Guattari 1980：546）。閾を超えるとそこは別の配置の世界の中で、それまでの想定は無意味になっている。

エチオピア北西高原。一九八六年。三一歳の私はその前年からウォロ州西部のアジバールという村で緊急医療救援のアドミから調査までの仕事をこなしていた。私はそこから西に歩いて二日の距離のテーブル台地西端の青ナイルの支流の一つを見下ろすコレブから崖を下りた低地には、病院まで来れずに死んだ人たちが大勢いると聞いた。そこからアジバールまで歩いて三日かかる。我々の病院の隣ではアメリカのNGOが小麦を配っていた。コレブの方から来る人たちは、辛抱強くしゃがんで待った後でようやく受け取った小麦を近くで売り払って帰って行った。それが市に出回る。飢饉を生き延びた人々が約五〇キロの重さの小麦の袋を担いで帰ることは不可能だった。私たちはその年にアジバールから西におよそ三〇キロの距離（歩いて一日の距離）の市の立つマーシャという村で植林プロジェクトを始めていたが、私の関心事はコレブから下った低地に住む人々だった。彼らが腹を空かした状態で小麦の袋を担いでアジバールからコレブに向かって歩いたらどうなるのか？　私は生死を分ける被傷性の感覚を知らずに、その構造に関心を持った。ある日、同僚たちと州都のデセから標高四三〇〇メートルの峠を越えてマーシャに向かう途中で、アジバールでインジェラを食べることになった。私は前から密かに決めていたように車を降りて二〇キロを超えるリュックを背負ってマーシャに向かって歩き始めた。私は意図して朝から何も食べていなかった。付近の標高は三〇〇〇メートル近くあり、道は歩きにくかったが、歩き続ければ八時間で着くと私は考えていた。そこに闖が現われた。

半分以上の道のりを進んだところで私は大きな犬に襲われた。私は足元の大きな石を拾い上げて両手で頭の高さに構え、犬が飛びかかってくるのを待った。重いリュックを下ろしたかったが犬には隙がなかった。犬は時計回りに私の周りを回りながら少しずつ間合いを詰めて来た。私は犬が飛びかかってくるまでは石を投げないと決めて、犬から目を離さずにゆっくりと回転しながら犬のように唸った。犬が私を殺そうとしていたから、私は犬を殺そうとしていた。犬が私に向かって来た。私は犬の頭をめがけて石を投げたが、タイミングが早かった。犬が身をかわして離れた隙に私はリュックを放り出して石を拾って身構えた。犬には余裕があった。犬は再び私の周りを回り始めた。同じことを繰り返していたらいつか殺されてしまう。私は石を投げるタイミングを我慢して待った。犬が間合いを詰めて来た。犬が飛びかかって来たので頭を狙って石を投げ下ろしたが外れた。犬は私の能力の限界を見切ったのか間合いが近くなった。私は激しく吠えながら犬を威嚇して身構えた。それがどれくらい続いたのか覚えていない。私が吠える声を聞きつけて近くの集落の男たちがカラシニコフと先端に鉄の塊がついたこん棒を手に走って来ると犬は逃げた。私は人間と動物の被傷性を前言語的に知り、男たちに命を救われ、再び歩いた。

私はこの獰猛な犬を知っていた。犬も私を知っていたに違いない。私がランドクルーザーでこの近くを通る度に犬は激しく吠えながら私に挑んできた。犬が運転手側のドアに体当たりしたこともあったが、私は頑丈で馬力のあるランドクルーザーに守られていた。だがその日はアレンジメントが違っていた。私は重い荷物を担いで一人で歩いて来た。私は疲れていて武器も持っていなかった。犬の目には私が弱った獲物に見えていただろう。私の周囲を回りながら間合いを詰める犬の自信に満ちた態度から、私は自分の被傷性に気づき、違う次元の力を出そうとして犬の頭ほどの大きさの石を持ち上げて肘を絞り、言葉を忘れて吠え、生きるために獣のように戦った。

アル中患者が最後の一杯と呼ぶものは何だろう。アル中患者は自分がまだ大丈夫だというところを、主観的に評価している。……しかしこの限界を超えれば闘が現われ、アレンジメントはそこで変更を余儀なくされる。アルコールの質、いつも飲みにいく場所や時間、もっと重症であれば、自殺的なアレンジメントとか、医療を必要とする入院生活というアレンジメント。……同様に、夫婦喧嘩というアレンジメントにおいては、最後の一言というものがある。最初から二人のうちのおのおのが、口論を自分に有利に終わらせる最後の一言をいうため、声の大きさや重さを計っている。最後の一言は、アレンジメントの活動、または周期の終わりをしるし、これによってすべてがまた新たに繰り返されるのである。……そしてこの最後の一言（ペニュルティエーム）を超えれば、別の言葉、今度は離婚というアレンジメントにわれわれを導くことになる。（ドゥルーズ＋ガタリ 2010：181-182）

この先には別のアレンジメントがある。蛇。放射能。森。茂みの中に入る人たちは山刀を携えているが、私は線量計とカメラとノートしか持っていない。私は牧歌的な参与観察の想定のままここに迷い込んでしまった。数日前の夜、私は男たちが国道で蛇を殺すのを見た。一人の男がスコップで蛇を叩いてから首を切り落とした。スコップが舗装道路に打ち下ろされて火花が飛んだ。あの蛇は閾を超えてしまったのだ。

茂みの小道を引き返した日の夜、ケヴィンと私はクリストフの家に招待された。上機嫌のクリストフと細身で美しいパッチェリが私たちを出迎えた。彼女をフランスで見たらアフリカの美女に見えるだろうが、ここではヨーロッパ的に見える。テラスのテーブルの上にはボルドーワインとグラスが並んでいた。クリストフの「ヨーロッパ風」の夕食は、ホテルのビュッフェのようだと私は思ったが黙っていた。ケヴィンと一度行ったことのあるムナナの北の外れの「高級な」レストランも同じスタイルで、裕福そうな年配の男たちと一人の年配の女がテーブルを囲んでワインを飲みながら「アフリカ料理」を食べていた。

夕食の後、三人でスコッチを飲みながらウラン鉱山とオクロのことに話が移ると、私はケヴィンが知らないことを随分知っていることに気がついた。それは私がムナナとオクロに関する多様な文献を読んでいたことに加え、私がランドクルーザーを降りて歩いていることと関係がある。パッチェリが建築許可の話を始めた。ケヴィンが建築に使う砂の基準の話をするので、ミテンベ川の砂は使えないだろうと私が言うと、ケヴィンはその川の名前を知らなかった。私がウランの鉱滓が沈められた人口湖の水が流れ込む川だと説明するとその砂は使えると言った。聞いていたクリストフが、そこの砂は汚染しているから使えないと言った。(私はケヴィンの名誉のために、彼がなぜその砂が使えると言ったのか説明しておこう。ンガマボウングのダムの南側の丘は削られ、ラテライトが採取されている。ケヴィンが使えると言ったのはこのラテライトのことだ。ンガマボウングのダムの下流では土砂が採取されている。この土砂は高度に汚染している。）六日後、ケヴィンと私はその人工湖の限界に向かった。

禿げた土地

私が病院の脇の道と並行して低い所を通る赤土の道を歩きながら放射線量の変化を追って最後に駆け出したその先を続けよう。道の終わりは禿げた土地だった。なぜそこは砂漠のように無機質なのか？　そこには古いウラン製錬工場があった。セドリックの言い回しを借りると、ここでは木を切ってもすぐに「生える生える《プースプース》」が、そこには植物が生えない。私はその空き地を横切ってＣＯＭＵＦの資材置き場の前に出た。ムナナには草木が生えない場所が他にもある。

あの日、ＣＯＭＵＦの資材置き場の前から北に向かうとムナナの湖の向こう岸から歓声が聞こえてきた。五〇代くらいのよそ行きの格好をした女が向こうから歩いて来た。「すみませんマダム。湖で子供たちが泳いでいますが、ここの水は汚染していると聞きました。子供たちに健康上の問題はないんですか?」「健康被害については知らないが、ここの水はウランで汚染しているから泳がない方がいい。親たちが知らないのか。親たちが泳ぐなと言っても子供たちが無視しているのか。ここの水は汚染しているよ」。草叢の中の道を通って対岸へ向かうと、籠を背負った年配の女と男の子がどこかで仕事を終えて戻って来た。湖畔には「湖の女神」と台座に刻銘された不細工なヴィーナスの裸像が草に囲まれて立っていた。草が生い茂る遊歩道の先には放置されたピッツェリアがある。その手前に裸の胸を出した若い女の姿が見えたが、近づくとブラをつけていた。それは水遊びをする中学生たちだった。「ここで働いているの?」と皆が聞くので、私はケヴィンのところに遊びに来ていると答えた。

翌日の日曜日は空間線量が朝から奇妙に高かった。いつものように坂を下りて病院の横の道を歩きながら線量計の電源を入れると警報音が鳴った。表示は0・45、0・46、0・47と上がり、歩き続けると0・36、0・35……と下がり、COMUFの前で0・29に下がってから0・31、0・32に上がりまた下がり警報音が止まった。何だろう? その日はンガマボウングの方から風が吹いていた。鉱滓の粉塵なのか?

ムナナの広場に着いてCECADOの向かいのチャド人の雑貨店で飲み物を買おう

としたらポケットの中で線量計が鳴るので取り出すと0・61〜0・62を示していた。皆がするように通りの方を向いてテラスの床に座りカメルーンのジーノコーラを飲んでいると0・39が続いた。ケヴィンが来たので、店の中の放射線が高いと言うと、この建物は汚染したコンクリートで造られているから壊して建て直すと教えてくれた。店の中の空間線量はいつ訪れても0・61前後で、店の人たちに放射能汚染について何度か聞いたが、彼らは決まって「知らない」としらばっくれた。

ケヴィンに貰った写真を使って私が歩いた道を辿ってみよう（写真2）。《管理職の町》の西端の貯水タンク（0）の前のつづら折りを下り、オクロ（11）を背にして坂道を病院（1）の方に下ると、西にンガマボウングを堰き止めた人工湖（6）が見える。ダムの向こうに禿げた野原が丘の麓のミテンベ川まで続く中を一本の水路が真っすぐに伸びている。水の帯は太陽の光を反射してきらきらと煌めき、私には湖から水が流れ出ているのか湖へ水が流れ込んでいるのか分からない。あの草原は何かが不自然だ。坂を下りてN3を横断して病院の西側の道を北に向かい、その隣のCOMUFのオフィスを過ぎ、車の整備場だった資材置き場を過ぎた後、右手にムナナの人工湖、左に装飾のない円形劇場のような掘り返してはいけないウラン鉱山跡を見ながら覆土

写真２

で隠されたボインジ地下鉱山跡（8）の手前までまっすぐ進み（まっすぐ進むためには車道に沿って一度西に進んでから鋭角に戻るのではなく草叢の中を突っ切る必要がある）、あるいは西に折れて《刷新の町》に入り、最初の家の列が途切れるところを南に向かってスタッド（5）まで行くこともあれば、ヤギの親子が草を食む草木が禿げたボインジ地下鉱山跡から北に進んで公設市場（9）に向かい、あるいはその先の小学生の男の子たちが釣りをしている池を通り過ぎて赤土の広場（10）まで行った。広場の西隣にはスーパーマーケットだった大きな建物が残されている。広場の北は二等辺三角形の公園で、公園の西側の通りの坂の途中にはスナックバーがあり、その裏にはクリストフの資材置き場がある。東側の通りの途中にはチュニジア人の雑貨屋がある。二つの道が合流する坂の上の頂点の東側にはCECADO、西側には汚染したチャド人の店がある。

製材所の脇の道に入るためには、坂を下りた後にN3をモアンダ方面に少し戻ると土の道への入り口（←）がある。立ち入り禁止の南側には草木が生えない新しいウラン製錬工場跡（3）がある。その近くの硫酸工場跡（4）も禿げている。入り口から北に向かうと製材所の横を通って古いウラン製錬工場があった禿げた土地（2）に出

写真3

る。ウランが露天掘りされていた頃の写真を見ると、写真の上の方には湾曲したCOMUFのオフィスが写っている（写真3）。その下の三棟と五棟の建物のある場所は車両の整備場だったらしいが、今では資材置き場になっている。道の右（西）には、古いウラン製錬工場がある。工場から西の低い方に向かって白っぽい鉱滓がンガマボウングに流出している。道はそこで終わり、その下ではウラン鉱石を処理しているように見える。写真の下半分の右にはウラン鉱山、左にはムナナ池がある。子供たちが水遊びをするムナナ湖の昔の姿だ。

ムナナには鉱滓ダムがなく、尾鉱も鉱

滓も廃液も四〇年に渡って川に捨てられていた。ラジオ番組でこの事態を問われたアレヴァの環境対策の担当者は、当時の規則は守ったし、今ニジェールではより厳しい基準でやっていると滑らかに問題を逸らした（RFI 2011b）。独立以前に放射線防護や環境保全の規則はなかった。その上ゲームのルールを作ったのはＣＥＡだ。ニューメキシコのチャーチロックでは一九七九年に鉱滓ダムが決壊してナヴァホ・インディアンの保留地が汚染して汚染物質の回収作業が行われた。その土地は今でも汚染している。だがムナナでダムが造られたのはウランの採掘が終了した後だった。二〇〇万トンとも言われる尾鉱や鉱滓が回収される予定はない。この時間的な転倒は一体何を意味しているのか？

三月一八日の一六時過ぎ、ケヴィンと私はクリストフの会社で働く二三歳の作業員のニコに案内されてンガマボウングのダムに向かった。彼は子供の頃に母とよく来ていたから自然に歩く。ケヴィンと私の足取りはぎこちない。道の南側には文字が消えた標識が所々に立っていた。ンガマボウングに面した南側は耕作禁止だ。湖から道の近くまで禿げた土地が続く。この道から汚染した土砂を捨てたのだろう。道が二つに分かれた所でニコは左に進んだ。右に行けば《刷新の町》の西端から南に向かう小道（7）に繋がっている。その先の沼地では女たちがマニオックを水に浸す。ムナナで売られているマニオックはどこで水に晒されているのか分からない。だからケヴィンはマニオックを避けて蒸しバナナを食べる。それが無いときは茹でバナナを食べる。

第5章　見えない過程

全てが同時進行しながら存在している

ダムに出ると湖の向こうの東の丘の上に貯水タンクが見えた。このダムはウラン鉱石の尾鉱で造られている。堤の上には人が一人通れるほどの小道があり、コンクリートで舗装されている。放射線を遮断するためだろう。「飲めない水」、「水浴禁止」、「魚捕り禁止」と赤地に白い文字で書かれた標識が傍に並んでいる。どれも塗り直されたばかりだ。草叢の小道に沿って立っていた標識は劣化して読めなかった。ダムの南側の岸から重そうな籠を背負った二人の女がこちらへ歩いて来た。向こうでマニオックを栽培しているようだ。対岸に赤土の道が見える。道は中国の木材会社SSMOの入り口付近からダムの対岸まで続いていて、ダムの対岸まで車で来ることができる。対岸は赤土が削り取られている。ケヴィンはここでラテライトを採取したことがあるという。

ムナナ、ボインジ、オクロ（一九五八―一九九七年）、それにモアンダとフランスヴィルの間のミクルング（一九九七—一九九九年）のウラン鉱石は、一九六一年にウラン製錬工場が操業を開始して以来ムナナで製錬され（Blanc 2008：38）、鉱滓は中和せずにンガマボウングに捨てていた。およそ四〇年間で約二万八〇〇〇トンのウランが生産され、ムナナ地区では七五〇万トンの鉱石を採掘した。一九九九年から始まった再整備でムナナの露天掘りの跡には尾鉱が埋め戻されて七〇センチのラテライトが被せられた。その他の場所も三〇センチから五〇センチの土で覆われたという。しかし雨が降ると覆土は流出する。ダムに沈んだ鉱滓は少なくとも一メートルの水で覆われているらしいが、水は処理されずに放出される（WISE 2004a）。ダムの下流には鉱滓の平原が広がっている。ウラン鉱山跡と同様にここも草が刈られている。西に伸びる水路に沿って赤地に白い文字で禁止が書かれた標識の列が続く（写真4）。

鉱滓ダムの位置と鉱滓の分布は悪い冗談のようにズレている。鉱滓はミテンベ川まで流出しているが、ダムはンガマボウングの谷が括《くび》れた場所に造られた。禁止のメッセージの列はフランス語で書かれ、命令の受け手がダムの上にいると想定しているらしく、全てこちらを向いている。標識の列は肝心の鉱滓については沈黙している。これは何の徴候か？　アレヴァは他所でもムナナの鉱滓については沈黙していた。オー

写真４

ストラリア政府が世界の様々なウラン製錬工場の鉱滓の処理について調査した報告書のガボンの欄には、「ガボンのウラン鉱山のオペレーターに要請したが情報は得られなかった」と記されている（Waggitt 1994 : 21）。

ＯＥＣＤがウラン生産の環境への影響を一覧できるように編纂した報告書は、ムナナでは住民がγ線で外部被曝し、α線を出すラドン２２２とラドン２２０を吸って内部被曝し、使用する水に含まれるラジウム２２６とウラン２３８によって内部被曝するリスクがあると警告している。これに対してＣＯＭＵＦは一一の線量計を使って放射能のモニタリングを行っているという（OCDE 1999 : 121）。しかしCOMUFは汚染したミテンベ川ではなく下流のレケディ川で水質調査をしているし（WISE 2004b）、私がムナナのウラン鉱山跡に据えられた百葉箱の中を覗き込んだら計測機器は入っていなかった。この空白は何の徴候なのか？

「飲めない水」、「浸すこと禁止」、「水浴禁止」、「魚捕り禁止」と禁止を命ずる記号の成立条件は何か？　記号の命令形に着目してこれらを成立させているシニフィアン体制について考えるためには少し寄り道をしなければならない（cf. Deleuze et Guattari 1980）。そこでは命令形の標識の列がダムの方を向いて立っていて、草が刈られている。しかし対象としての鉱滓は放置されている。土の中では、土の上でも、生命活動の記号過程が変わっているはずだ。しかし命令形は対象を逸す。「何でもいいからするな」という風に。それはフランス語が読めるアクターたちに対する命令形だ。その送り手はCOMUFでありアレヴァでありフランス政府でありIAEAだ。その名目上の受け手はムナナの人々だが、監査を意識した標識の向きは、シニフィアン体制のネットワークの内部でこの命令を転写するアレンジメントに呼応し、最初の送り手と最後の受け手は同じ共同体に属している。命令形のセットは一周りして戻り、送り手によって効果が確認されるのだろう。だから標識の列は堤の上で監査をする人を向いているのであり、ムナナの人たちが活動する茂みの中の標識は文字が消えている。私は記号をシニフィアン（意味するもの）とシニフィエ（意味されるもの）という運動を内在しない対においてではなく、記号過程を、記号、対象、解釈項の三項間で生成変化する生命的な連続運動と考えたパースと共に先を進もう。

ダムの下の水路の傍に小ぶりな蟻塚が地面から突き出ている。この蟻塚は誰かにとって何かの記号であり、それは対象の代わりの働きをする。蟻たちが土の中でインタラクティヴに分業しながら生命を育む活動をしている。これが対象で蟻塚が記号だ。その蟻塚を見る私は、何かの徴候のようにそれを解釈する。私は子供の頃に住んでいたセイロンで蟻塚を壊して蟻の群れに足を噛まれたから蹴るのはよそう。《管理職の町》でいつも見ているいくつかの蟻塚よりもこれがかなり小ぶりなのは放射能が土壌の微生物たちの活動に影響を与えているからではないか？　などと私が推論する裡《うち》に、新たな行動と新たな記号が生み出されている。これが解釈項だ。解釈項から記号が次々と生まれる。記号過程は運動だ（cf. Eco 1979 ; Sebeok 2001）。

ダムを向いた標識の列は、アレヴァの仕事を対象とする記号であり、その体質の指標でもある。記号は対象に固有の徴候だから、私は隠れた過程を見出そうとする。簡素なダムの短い耐用年数とウラン238の半減期四五億年は、ひどくかけ離れている。ダムの上に立つと右手の奥の茂みの中には女たちがマニオックを水に浸す沼があり、左手の中央では誰かが砂を採取した車の轍が残っている。命令は空虚だ。私はケヴィンたちと一緒だったためにダムの下に降りる時間がなかった。フランスのラジオ番組のためにあるジャーナリストが鉱滓が広がる場所の線量が5・09と3・10 μSv/hだと報告している（RFI 2011a)。

何が起きているのか？　生成変化する諸対象の代わりをする慣習的な記号を二つ挙げておこう（図1）。これはウラン238とウラン235の崩壊系列を表象する象徴だ。ウラン238の崩壊系列の途中から少しだけ見てみよう。ラジウム（Ra）226［半減期一六〇二年］が α 崩壊してラドン（Rn）222［半減期三・八日］となり、α 崩壊してポロニウム（Po）218［半減期三・一分］となり、α 崩壊して鉛（Pb）214［半減期二六・八分］となり、β^- 崩壊してビスマス（Bi）214［半減期二〇分］となり、β^- 崩壊してポロニウム（Po）214［半減期〇・一六秒］となり……鉛（Pb）206［安定］まで続く。全てが同時進行しながら存在する。

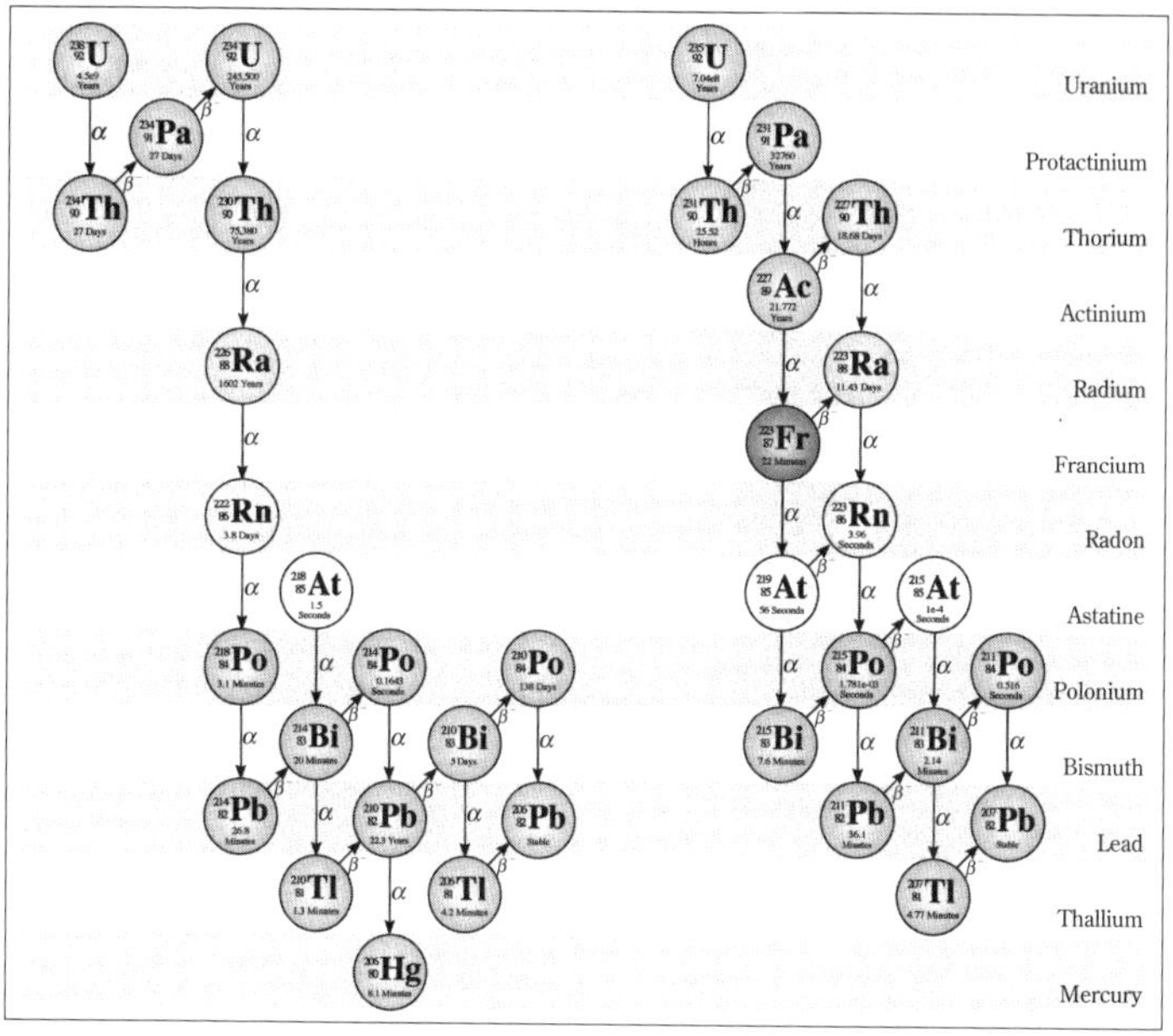

図1　ウラン238とウラン235の崩壊系列(Nuclear Forensic Search Projectより作成)

私たちは一七時頃にスタッドに戻った。水曜日の夕方はサッカーの練習試合があるので人々が集まって来る。ニコもサッカーをするからスタッドにいるのは自然なことだ。ケヴィンのタイミングの読みは見事だった。彼はすでにユニフォームに着替えて生き生きとウォーミングアップしている。ニコに放射能のことを聞くとこう言った。「ここでは誰も放射能を気にしない」。「魚は食べるのか?」「友人たちと釣りはするが俺は食べない」。「放射能が気になるのか?」「魚は好きじゃない……俺は二三年間ここで生きて来たが奇形の人を見たことはないし、放射能を気にしたこともない」。(私は車椅子の人たちを何度か見ている。)「放射能を問題にする人はいないのか?」「それは政治だ」。

ムナナの再整備はCOMUFと欧州開発基金によって行われた。COMUFは病院、中学校、小学校、水道と電気の施設、六六〇棟の建物をガボン政府に譲渡し、ウラン製錬工場とウラン鉱山の再整備を行った。ウラン製錬工場は解体した瓦礫を埋めてラテライトを被せて緑化し、ウラン鉱山跡は埋め立ててラテライトを被せてから草を植えた。ボインジ地下鉱山は傾斜を水平に覆土して、そこには草木が疎らに生えている。オクロとミクルングは水で満たして再整備を終えた。それ以外の再整備は欧州開発基金の援助で行われた。欧州議会のある委員会の質疑の議事録によれば、この再整備によって年間１mSv未満を達成したことになっている。これは事実ではない。ＣＯＭＵＦは再整備のために六万一〇〇〇ユーロを支出した。欧州開発基金はガボン政府の要請を受けて七〇〇万ユーロの支出をしている。ＣＯＭＵＦの支出は欧州開発基金の支出の一一五分の一だった。この委員会が開かれたのは、「ムナナのウラン鉱山跡の再整備はＣＯＭＵＦが行うべきだったのではないか？」また「欧州開発基金の支出は適切だったのか？」という疑問を問うためだったが、どのような質疑が行われ、どのような結論が導き出されたのか、という肝心な点について議事録は沈黙している（European Parliament 2004）。

コジェマ／ＣＯＭＵＦがウラン鉱山の再整備のために僅か六万一〇〇〇ユーロしか支出していないというＰＲが産出するイメージとはあべこべの事実、そしてガボン政府を通じてその一一五倍の支出をＥＵに要求した事実は、この企業の性質を端的に示している。コジェマは、無邪気な子供たちのイメージや微笑む女の顔を配置したＰＲ活動を通して、ムナナのウラン鉱山の再整備がいかに環境に配慮したものであるかについて巧妙にコミュニケーションしている（COGEMA 2000）。しかし、ウランを採掘して汚した場所の再整備にも元労働者の救済にも金は使わない。

国家装置は働き続ける

三月一六日の昼過ぎまで私はフィールドノートを書いていた。前日は空間放射線量が不安定に上下して、普段は0・14μSv/h前後のケヴィンの家の中も0・22に上がり、製材所の近くは0・47で、広場に面したセネガル人の食堂の前では0・32だった。私は放射能で汚染したチャド人の店の前でケヴィンに会った後、ランクルのピックアップの助手席に乗り、ロヨー川を越えてオゴウェ・ロロ州に入った辺りで砂を採取していたケヴィンの同僚たちのところへ向かった。

ムナナの北の検問を過ぎてクリストフの村の近くまで来ると、森がどこまでも拡がり、村や町が森の中にあったことに気づく。私はこの森を構成する無機物や有機体や超有機体の名前も性質も知らぬまま、森は美しいと思う。それは無数の具体の過程を知らない抽象でしかないが、それでも別の水系に入ると、ウランの採掘が汚染したムナナとは別世界にいると感じる。線量計は0・10を示していた。ランクルはロヨー川を渡り、舗装道路を外れて車体を大きく揺らしてゆっくりと進んだ。川床から上がる坂の途中で、トラックが脱輪して傾いていた。このトラックはクリストフの資材置き場で見たことがある。その時はトラックの前面に金槌と釘で穴を開けて、針金を通してパネルを固定する大工仕事をしていた。私が感心して見ていると「部品も道具もないんだ……」と言い訳された。

ケヴィンはこのトラックを引き上げに来た。運転手と二人の作業員がそこで野宿していた。手に山刀を持った運転手が、砂のある場所まで案内してくれた。彼は私たちが歩きやすいように木の枝を山刀で払いながら先を歩いた。その手さばきは何ともスムーズで、合成した手＋山刀の動きは楽しげに見えた。茂みを抜けると小さな涸れ川の中で砂が集められて、即席の囲いが巡らされていた。線量計の表示は砂の上では0・14を示した。我々は傾いたトラックまで戻り、まず荷台から砂を掻き出させてから、ケヴィンのランクルとトラックを古いシートベルトで結んで牽引した。タイヤの下を掘ったり、タイヤの下に石を入れたり、試行錯誤の末にトラックを凹みから脱出させることができた。

ふと気がつくと周囲の地面から様々な形をした高さ数センチの小さな土柱が無数に

突き出ていた。小石の周りの土が侵食して、多様な形の石の下に柱ができていた。自然の侵食作用がこの柱の群れを造形するのにどれくらいの時間がかかるのだろう？ケヴィンが来て「地質学ではこれを妖精の煙突《シュミネドゥフェ》と呼ぶ」と言った。「妖精の煙突？」フランス的な心象だ。フランスが学問的なのではなく、その学問の構成要素がフランスの習俗なのだ。私たちは森の中に水を飲みに行った。湧き水の下流で水が堰き止めてあり、袋に入れた誰かのマニオックが沈められていた。

ここ数日、コロナウイルスの影響を感じるようになった。金曜日には大学と専門学校が閉鎖になり、イルマは朝から家にいたし、ケヴィンは夜遅く居間で女と長電話していた。土曜日の夜にイルマは母の家に戻った。私が搭乗する予定の飛行機は乗り継ぎができなくなった。日曜日にロヨー川の近くから帰る途中で、ケヴィンが自分には三歳の娘がいると言った。その時には気づかなかったが、全てがコロナウイルスと関係していた。

フィールドノートを書きながら窓の向こうを見ると、ベルナールの家の前では中学生の娘が掃き掃除をしたり、棒を片手に兄と茂みの中に行って戻るのが見えた。書くことがたくさんあったから私は遅くなって家を出た。以前ケヴィンが鍵を届けた家の前を通りかかると、二人の女の子が「ボンジュール」と言いながら駆けて来た。左手に並ぶ二軒の家は、どちらも庭が広い。黒いレースのワンピースを着た痩せた女の子は、黒いレースのパンティーを両手で頭の上に掲げて嬉しそうに飛び跳ねていたが、近くまで来るとそれを後ろに隠して笑っている。もう一人はサングラスをかけて、よそ行きのワンピースを着て、手には別の服を持っている。二人でとっておきの服を着て見せ合っていたらしい。「今日は月曜日だろう。中学校はどうした？」と私が聞くと、サングラスの子が、「コロナウイルスのために今日から二週間閉鎖になった」と言った。「小学校も閉鎖になったのか？」「ぜーんぶ閉鎖」。だからベルナールの娘は色褪せた服を着て朝から働いていたのだ。

少し歩くと向こうから二人の山刀を持った中学生と一人の手ぶらの小学生の男の子たちがこちらへ来た。中学生の一人は、山刀の柄ではなく先端を持って私に配慮している。「どうした？」と聞くと、「コロナウイルスのために三〇日まで学校は閉鎖になった」とその中学生が言った。その先の洗濯物がたくさん干してある家の近くでは四人の小学生の男の子たちが「お金」「お金」と口々に言った。

この家の若い父親は中国製のＫＴＭ１１０に乗ってベルナールの家に来る。それは一一〇ccで中古なら二〇万フラン（約三〇〇ユーロ）くらいで買える。フランス人が一人モアンダからCOMUFに通って来る。前の週にCOMUFの資材置き場を通りかかった時、立ち入り禁止の木の扉が開いて、大型バイクに跨《またが》りフルフェースのヘルメットを被り左腕に刺青をした男が出て来た。男は扉を閉めると、爆音を響かせて走り去った。N3でさらにスピードを上げて疾走する音が響いた。爆音は移動して遠ざかる。あれはたぶんヤマハMT－09だ。九〇〇ccで最高速度は二一〇km/h。フランスでは一万ユーロする。フルフェースで顔が隠れていたから彼はスーパーヒーローのようだった。だから彼は異次元の速さで疾走しなければならない。偉大さへの妄想。この強迫観念がド・ゴール将軍を核開発に駆り立てた。ドイツに占領されたフランスが独立した偉大な国となるためには、アメリカに頼らない独自の核開発が必要だった。そしてムナナではウラン採掘による夢の近代化が始まった。ケヴィンの言葉を借りれば、それはウランと人間の「採掘・搾取」（exploitation）であり、四〇年後にムナナは「捨てられた」（abandonnée）。一九六八年五月のパリでは人々がド・ゴールの権威主義的なスタイルを拒絶したが（cf. Jackson 2018）、国家装置はそのまま働いている。このことの意味は何か？

ムナナの湖に近づくと歓声が聞こえた。今日も子供たちが水しぶきを上げている。公設市場の食堂に顔を出すとマダム・ズィータが「今日は遅いね。仕事してたのか？」と聞く。「仕事だった」。美容師の妹は退屈そうに椅子に座り、挨拶すると右腕を上げた。脇の下の巻き毛が真っ黒で私はびっくりした。ズィータは「コロナウイルスのエピデミックで学校が閉鎖した」と誰かの台詞を言うがリアルさが全く感じられない。そして「鶏肉もある米もある」と言いながら二つの鍋の蓋を開けた。「じゃあそれにするよ」と言うと「マニオックはどう？」と見てもいないものを勧める。私は言われるままに米をマニオックに替えてジーノの甘いジュースも注文した。マニオックは硬くて失敗だった。ズィータはチャーミングで商売が上手い。

公設市場は正方形の建物と、それをコの字に囲む建物から成り、南の並びに九店、東は三店、北は全て閉じていて、中央では南東の隅のズィータの店だけが開いている。美容室では風の通るテラスに椅子を出して付け毛を巧みに編み込んだり、足の手入れなどをする。コンクリートの床は汚染した材料が入っているようで、テラスの椅子の辺りで線量計が鳴った。0・33。ズィータは不安そうな顔をしたが、その後はいつも通りだ。若い秘書が暇そうに留守番をする東のクリストフの事務所の南隣の空き店舗前でも線量計が鳴った。0・44。気にする人は誰もいない。

輝かしい未来から不確かな未来へ

クリストフの事務所の並びにはコリンズの洋品店がある。彼はカメルーン人の仕立屋で、黒のジーンズにTシャツ姿が垢抜けている。店の前にはジーンズが並び、軒からTシャツが吊り下がるが、客を見たことがない。午後には店で扇風機を回してよく昼寝をしている。ズィータの店でただ椅子に座っていることもある。彼は五年前にここに来て店を構えた。客が来ないから商人たちの多くは去った。「モアンダで店を開いた方がいいのでは？」と私が言うと、「モアンダは家賃が高いよ」とズィータがしかめ面で言う。ズィータはしかめ面と不安そうな顔と屈託のない笑顔の変化が劇的だ。コリンズは穏やかに「忍耐」と繰り返す。だがこの状況はコンリンズの人生の忍耐を超えた長く複雑な過程だと私は思う。彼の家族はカメルーンにいる。「ヴァカンスには帰らない。帰る時は帰る時だ。が、ここにも家族がいる……」。人間的な不確かな未来。ウラン鉱山跡の不確かな未来。

公設市場の商人たちは、地元のズィータを除くとアフリカのフランス語圏から来ている。クリストフは、広場に残るアメリカ人が経営していたというスーパーマーケットの建物の東側のガソリンスタンド跡に移ろうとしている。彼は三年前にムナナに戻って来て二〇〇戸の家を建てるアレヴァのプロジェクトの一部を請け負っているが、これも二〇二一年には終わる。何かの兆しもある。二〇一九年に中国の鉱山会社がまるで一九世紀のような九九年間のマンガンの採掘権を得た。採掘はどこかで始まっている。中国の木材加工会社ＳＭＢは操業を再開した。雇われているのは数十人で、多くはインドネシア人とマレーシア人だ。中国の木材会社ＳＳＭＯは休眠中でインドネシア人が七人いるようだ。ＣＯＭＵＦにはかつて一八〇〇人もの従業員がいたらしい。それが今では一〇人だ。ムナナにはガソリンスタンドすらない。だが近隣では中国水利（Sinohydro）が道路を建設していたし、ロヨー川を渡る橋から先のロストゥールヴィルまでの道路を建設したのも中国水利だった。グーグルマップでは隠されているが、ムナナの南から東西に延びる道路も新しい。道路建設の先にはどんな未来があるのか？　これは餌のついた罠ではないのか？

私はガボンに来る前に、英国のセラフィールドが、核エネルギーの輝かしい未来を担ったその出発から、原子炉の火災事故、二つの再処理工場の放射能汚染の深化、小児白血病を巡る論争、困難な廃止措置、そして最終処分場の候補地になるまでの軌跡を追ったが（内山田 2019）、以下ではウラン鉱山の輝かしい未来から不確かな未来への変容の過程を概観してみよう。これは双葉町の商店街に掲げられていた看板「原子力明るい未来のエネルギー」の意味の変容と同質の問題だ。（あの看板は双葉の通りに誇らしげに掲げられていたが、原発事故の後は反語となり、今では「福島イノベーション・コースト」という新たな未来を宣伝する双葉の伝承館の倉庫に仕舞われている。）

フィリップ・ブルネは、フランスのリムーザン地方のウラン鉱山開発を構成する政治、経済、社会、自然の諸要素の組み合わせが、時間の経過と共にどう変化したのかを研究するに当たり、これを三つの時期に分類して、それぞれに「祝福された」、「論争の」、「不確かな」の修飾語を与えている。ウラン鉱山開発が始まる直前の未曾有の出来事、一九四五年八月の広島と長崎の原爆投下は、ド・ゴール将軍に強い衝撃を与えた。彼はフランス独自の核兵器の開発を急ぐために、マダム・キュリーの娘婿フレデリック・ジョリオ＝キュリーを高等長官に迎えて一〇月にはＣＥＡを発足させた。

一九四六年から一九七六年にかけて、ＣＥＡはリムーザンでウランの採掘と製錬を行った。ブルネはこの時期を「ウランの祝福された時代」と呼ぶ。当時のリムーザン地方は、人口の流失という問題を抱えていて、ウランの生産は、雇用とより良い生活をもたらすものと期待された。

一九七三年に石油危機を経験したフランスは、一九七五年にウランの増産に舵を切り、CEAは一九七六年にウランの採掘、核燃料の製造、使用済み燃料の再処理を行うコジェマを創設した。この年からウランの生産が終わる一九九五年までをブルネは「核の論争の時代」と呼ぶ。水源の汚染と景観の破壊は問題となり、CEAがウランの尾鉱は自然状態においてすでに放射能を帯びていたという説明を使って道路の基礎砕石や盛り土として再利用したために論争が起きた。

ウランの採掘が終わった一九九五年以後をブルネは「放射能の不確かな時代」と呼ぶ。雇用とより良い生活を支えるはずだったウラン鉱山開発は、次第に根本的な矛盾が露呈して、最後には終わりのない放射能汚染という負の遺産が残った。コジェマと国家は、この現実の個々の帰結を検討するのではなく、その検討課題は何かという点をコントロールすることに力を注いだ（Brunet 2004；2016）。

不確かな現実に取り組むよりも、操作可能な指針をコントロールすることの方が、シニフィアン体制にとっては重要だからだ。検討課題とガイドラインが決まれば、環境がどう生成変化を続けようが関係ない。『知の考古学』のフーコーの考え方を借りれば、これは一覧表《タブロー》、あるいは異なる諸要素を関連づける固有の手続きの問題だ（Foucault 1969）。

二〇一九年九月にセドリックとCOMUFの娯楽施設の西側を歩いた時、線量計が鳴り0・79 μSv/h を示したことがあった。丘陵の端には建設中の家があった。道端の看板によれば、発注者はCOMUF／ORANOで工事期間は三ヶ月。「ムナナのコミューンにおける住宅の建設と放射線医学的に印づけられた家の取り壊し」。あれから半年が過ぎて工事は完了している。その同じ場所を歩くと線量計が鳴った。表示は0・86。足元を見ると白っぽい小さな石のようなものが散らばっていた。取り壊された家の瓦礫だろう。ウラン238の半減期は四五億年だから、人生の尺度で放射線量の減少を経験することはない。オラノは二〇〇戸の住宅を建てて、放射能問題を終わらせようとしているが、数百万トンの尾鉱と鉱滓を放置している。それは環境の一部として今もそこで生成変化しているが、コジェマと国家はこれを検討課題にしなかった。ヤニックらの研究によって、ウラン製錬工場などの瓦礫が埋められた場所から高濃度のラジウム226が検出されたが、詳細な研究は行われない。ラジウム226がα崩壊して空気中に漏出するラドン222については何も分からない。尾鉱と鉱滓を谷に捨てていたCEAとコジェマが、二〇〇一年からはアレヴァが、二〇一八年からはオラノが、サンプリング調査をしているからだ。

今日も長い一日だった。基礎のコンクリートを入れる作業を終えてから、ケヴィンは公設市場の事務所前で出勤日数を水増しした若い作業員を丁寧な言葉遣いで咎めたが、彼は認めずその場は緊張した空気に覆われた。夕方にケヴィンと私は、ランクルの荷台にポリタンクをいくつか積んでモアンダに燃料を買いに行った。ガソリンスタンドは角地にあり、人々がそこをぞろぞろ通り抜けていた。人がこんな風に歩くからウラン鉱山の跡地を横切って小道ができる。

私たちはガソリンスタンド近くのピッツェリアでピザを食べた。ゆで卵にマヨネーズの味付けはピザの風味ではなかったが、ムナナにはピッツェリアの廃墟しかない。隣のテーブルでは店のパトロンがモアンダからマンガン鉱石を運んだケーブルカーのことを話していた。「ケーブルカーが無くなっても、ポワント＝ノワール港は消えていない」。彼は人差し指で自分の目を指して「この目で見た」と言った。このルートに沿って中国水利が道路を建設した。いい加減な仕事のために道路の一部が崩れたが、モアンダとポワント＝ノワールを道路で結ぶ計画だ。コロナウイルスの話題になり、今日から学校もバーもナイトクラブも閉鎖だとケヴィンが言った。だがここは営業している。ケヴィンが強壮ドリンクを注文したので、私も真似て「XXL Energy」と言うと、隣のテーブルの男が「XXと言ってはだめだ。Xと一度だけ言う。XXと言えば力が消える。これをギネスと混ぜれば力が漲る」などと深遠な知識を披瀝した。呪術も放射能も一覧表を横切り、やがて現れようとしている時に介入する。前者は不意の一撃として。後者は果てしない作用として。

災禍の尺度

二〇二〇年三月二〇日の夕方、私はケヴィンにモアンダの駅まで送ってもらい、九月にまた来ると言って別れた。翌朝、リーブルヴィルではタクシーの運転手たちがマスクとゴム手袋をしていた。街は食料品を売る店を除いて扉が閉まり、国境閉鎖、夜間外出禁止、国内移動もできなくなっていた。予測不可能の状態が続いていたが、三月二六日の午後、日本大使館から連絡があった。アメリカ大使館が手配した翌日未明のワシントン行きの特別商業便に乗れるかもしれないから準備するようにという。五分考えさせてくれと答えたが、時間がないと言うので、乗りますと返事をして、私はアメリカ大使館に航空運賃を支払うなど準備をして迎えを待った。空港の出発便と到着便の時刻を示すディスプレイは、全てが赤でキャンセルを表示していたが、二七日三時一五分発ワシントン行きだけは緑でチェックインになっていた。この緑の符号は、国境を閉じたこの国の閉鎖された空港で、定期便のないワシントンに直行便を飛ばすアメリカの例外的な主権権力を印していた。

搭乗が始まりアメリカ政府の特別便に外国人が乗るのはおかしいとクレームがつき私はただ待っていたが、二人の日本大使館の職員が付き添ってくれて滑り込むことができた。隣の席のアメリカ人はＵＳＡＩＤの人で、彼女はコンゴ民主共和国でエボラのプロジェクトで働いていたが、コロナのパンデミックのために急遽帰国することになり、キンシャサからこの飛行機に乗ったという。私はワシントンに着いた後、飛行機を乗り継いで三日後に羽田空港に辿り着いた。それから一四日間の自己隔離を経て、大学の講義もゼミも博論の指導も会議も試験も家からのリモートワークとなり、学生たちとは会うこともなく春学期が終わった。私は八月下旬にはガボンに向かうつもりだったが、それは非現実的な空想となり、九月下旬、私はつくばでこれを書いている。家で過ごすようになってそろそろ半年になる。

一九八四年のクリスマスよりも前のこと（私はクリスマスイヴにはWFPの現地職員の女に踊りにゆこうと誘われたからその頃はマプートに居た）、私は内戦下のモザンピーク中部の港町ベイラに滞在していた。町には電気がなかった。病院は負傷した兵士たちでいっぱいだった。WFPがベイラまで船で輸送した食糧が、その先の村々まで届いているかどうかをモニタリングするのが私の仕事だった。私は近くの村に出かける道すがら、弓と矢を手にしたほとんど裸の男を見かけて人間の「複数性」を思わずにはいられなかった。村で人口統計を見せてもらうと、村の総人口よりも世帯主の数の方が多くて、その数字は役に立たなかったが、この一覧表には固有の意味があるらしく、面白い問題を秘めていた。しかしそれはWFPの関心事ではなかった。私は自分が置かれた状況に微かな恐怖を感じていた。私のような外国人は南アフリカが支援する反政府ゲリラRENAMOの標的だった。ベイラは首都のマプートと交通も通信も遮断されていて、身の危険を感じたら、カナダから小型飛行機を持ち込んで救援活動を行っていた知り合いのパイロットに、国境なき医師団の三人がいる部屋から無線で連絡すれば、ベイラまで迎えに来てくれる約束だった。それは個人的な約束であり、国家は領土と人口を掌握していなかった上、基本的なインフラストラクチャーも存在しなかった。

ある日曜日の朝、私は近くのカトリック教会に出かけた。建物の外に椅子を並べてミサが行われていた。深い緑と太陽の光が鮮やかだったこと、子供たちが振り返ったことを覚えている。ブラジル人の神父がギターを弾き、女たちが体を揺らして南部アフリカらしい旋律の賛歌を歌った。そのハーモニーは何とも素晴らしく、私はカメラとテープレコーダーを忘れたことを悔やんだが、また来週があると思っていた。NGOの外国人が殺される事件が起こり、南ではWFPのプロジェクトが襲撃されて、その来週が来ることはなかった。内戦のためにエチオピアに戻れなくなり、博論を断念した時もそうだった。一九九一年の春。私は翌年に南インドでフィールドワークを始めるとは想像もしていなかった。

「災禍は人間の尺度に適合しない。だから災禍は非現実で、それはやがて過ぎ去る悪夢だと人は思う。ところがそれはいつまでも去らないし、悪夢から悪夢へと人間たちの方が去ってゆき、まず最初に人間中心主義者たちがそうなる、というのも彼らが予防策を講じなかったからだ。我らが同胞市民たちは……全てはまだ可能だと考えていたのであり、つまり災禍などが起こることはあり得ないと思っていた。彼らは諸々の取引を続けていたし、諸々の旅行の準備をしていたし、諸々の見解を持っていた。未来を、いくつもの移動を、いくつもの議論を消し去ってしまうペストのことを、彼らは一体どう考えられただろう？　彼らは自分たちが自由だと思っていたが、諸々の災禍がある限り、人は誰も自由ではあり得ない」（Camus 1947 : 41-42）。新潮文庫のカミュの『ペスト』は、私が「災禍」と訳した fléau をこの文脈では「天災」と訳し分け、天と人の対照を導入している（カミュ 1969）。それは分かりやすいが、私はこの対照を使わない。なぜなら、ペストや天然痘のような感染症は、微生物やウイルスと動物と人間の関係的で相互的なプロセスにおいて環境の中で変異し進化するからだ。また、伝染病による人間の死を、神や女神との関係において説明する文化的な図式は興味深いけれども、私はこれを文化に還元したくない。

パンデミックに覆われた世界の中で、フランスのラ・アーグの近くに住むギィは家で庭仕事をして過ごすことが多くなったという。ガボンのムナナでは、ズィータの食堂は相変わらず営業していて、ケヴィンは家族と暮らし、工事中だった三棟の家は完成したという。ラ・アーグとムナナは遠く離れていて、両者を繋ぐのは核エネルギー開発のグローバルなネットワークの歴史だが、それぞれの地位と重要性は異なっている。

ガボンの二代目の大統領オマール・ボンゴは、一九七三年にOPECの原油価格の引き上げを経験して、ウラン生産国としてウラン価格を引き上げる可能性を知った。一九七五年に彼はCOMUFには知らせないままイランにウランを売る交渉をした。一九八二年にムナナでは新しいウラン製錬工場が稼働してガボンの主権を微妙に変化させたが、それは原子力開発には程遠いものだった（Hecht 2012 : 115-140）。一九八四年四月三日のル・モンドは、ガボンを訪れたフランスのピエール・モーロワ首相が原子力発電所の建設を約束したと報じた（Zecchini 1984）。三月三一日の会談でモーロワ首相はボンゴ大統領に三〇〇MW規模の原子力発電所の建設を約束した。しかし彼は七月に辞任し、この後、原子力発電所の建設に関する報道はない。ムナナは、ウラン鉱山の開発を経て、原子力開発は始まることはなく、用済みとなり、捨てられるのだ。

二〇二〇年三月一九日の午前中、私は《アンビエの町》でウラン鉱山の元労働者を探し、三〇年以上働いていたという六五歳のエトゥメジャラの家を訪れた。庭ではエトゥメジャラに似た六〇歳くらいの女と、白人の血が混じった四〇歳くらいの男が離れて座り、それぞれ無言でレガブを飲んでいた。この寂しげな女はエトゥメジャラの妹で混血の男は息子ではないかと私は想像した。九月に再び訪れた時に詳しいことを聞こうと思いながら、その日はエトゥメジャラ、妻のアンブロワジン、息子のンジミから話を聞いた。九月にはエトゥメジャラとオクロを歩こう。そう思うと心が躍った。

初めて聞いた話とは思えない

あのワシントン行きの特別便は満席で、乗客たちは搭乗前に配られたマスクをつけていた。隣の席のUSAIDの職員は、コンゴ民主共和国からウガンダにかけて仕事をしていたが、帰国することになりルワンダのキガリまで車で移動して、そこからキンシャサに飛んだという。彼女は宿泊したどこだかの湖畔の夜明けがとてもきれいだったと私に話した。大地溝帯の湖の一つだろう。パラドックスだらけだ。エボラに苦しむ貧しいアフリカを援助するために文明の高みから降下して、彼女は自然の造形の粗朴《そぼく》なリズムに魅惑された。帰国したら国家戦略に貫かれた組織のプロトコルが支配するデスクワークが待っている。この大移動は、人口密度が極めて低い中部アフリカから、パンデミックの流行が最も深刻なアメリカの大都市のネットワークに向かっていた。アフリカの熱帯雨林に留まっていた方が、コロナウイルスに感染する可能性は低いのだが、私たちはそれぞれの国家の急ごしらえのコロナ対策に促されて、パンデミックの渦中へと緊急避難していった。アメリカに入国して空港の売店で私が買い求めた新聞の一面トップは「失業上昇、アメリカのウイルス患者数は世界最大」だった（*The New York Times*, March 27, 2020）。

二〇一九年の夏休みにガボンを訪れた際、私は僅か五日間のとんぼ返りでアジス・アベバまで往復した。飛行機はガボン、コンゴ共和国、コンゴ民主共和国（旧ザイール）、中央アフリカ共和国の国境地帯の熱帯雨林の上空を飛んで緑が疎らになる南スーダンを横切った。この地域は人間に感染する四種類のエボラウイルスの中でも主要なザイール型とスーダン型の感染地帯と重なっている。前者は熱帯雨林、後者はサヴァンナの風土病だ。ザイール型は致死率が極めて高い。バリーとボニー・ヒューレットによれば、ガボンでは一九九四年から二〇〇二年にかけて四度のエボラ出血熱の流行が起きている。一九九四―一九九五年は死者五二人（五九％）、一九九六年は死者三七人（六一％）、一九九七年は死者六一人（七五％）、二〇〇一―二〇〇二年は死者六五人（七九％）（Hewlett & Hewlett 2008 : 3-5)。サリー・ラムらによれば、最初の流行以前にエボラウイルスの抗体をもつ人々がいたことが判明しており、公式に確認される以前からこのウイルスは宿主の体内で増殖し、移動し、感染地域は想定よりも広く、エボラの流行に先立ってゴリラ、チンパンジー、マンドリル、サル、レイヨウ、イノシシなどの死体が数多く目撃されていた（Lahm *et al* 2007)。

ヒューレットたちのエボラの医療人類学の民族誌には、私がムナナで疑問に思ったことに関わるいくつかの興味深い記述があった。それは、ニコがそうだったように人々が重大な事実を日常的に否定したこと、貪欲や嫉妬と関係した妖術が不自然な死の原因とされたこと、災厄から逃げる場所があったこと、フランスの核エネルギー開発の中でガボンの位置が変わったことと関係している。

二〇〇二年八月、ヒューレット夫妻は北東ガボンのマコクーから東のメカンボに向かった。二人が狩猟採集民のボコラたちが住む村を訪ねようとした時、地元の国会議員がメカンボまで車で送ってくれて、エボラは心配ないと繰り返した。彼は国際医療チームがこの地を訪れた時、一人の地元の政治家が、死体置き場でエボラで死んだ死体にキスをして「もしもあなた方が言うようにこれがエボラだったら私は死ぬだろう。もし私が死ななかったらあなた方は帰ってくれ」と挑発した逸話を披露して、だがこの政治家は死ななかったと言った。二人はボコラたちの村で歓待されて楽しい時間を過ごしたが、土を盛って間もない墓が複数あることに気がついた。一人の乳児と二人の大人が最近熱を出して死んだという。今、ここで、エボラが流行している。実験室の試験結果がエボラと断定した科学の事実を、村の人たちも司祭も政治家も当たり前のように否定することに二人は驚いた（Hewlett & Hewlett 2008：22-25）。

一九九四年のエボラの流行の始まりは、森の中で見つけたゴリラの死体を持ち帰った人々と、肉の分け前を食べた人々が全員死んだ事件だった。村の村長が嫉妬心から富を独り占めしようとして妖術で家族たちを殺したことを疑われ、無実が明らかになるまで幽閉された。一九九六年の流行は、死んだチンパンジーを持ち帰ったことから始まった（ibid.：11）。二〇〇二年の流行に続き、二〇〇三年には北東ガボンに近いコンゴ共和国の北西部でエボラが流行して、一四三人の患者のうち九〇％の一二九人が死んだ。このエピデミックも、狩猟者がゴリラあるいはレイヨウを森から持ち帰ったことが始まりだった。死者たちの親族が呪医に助言を求めると、彼は死んだ人たちの嫉妬深い兄の妖術が原因だと診断した。この兄は教師として成功して視学官に出世して近くの町にいた。親族たちは彼を殺そうとしたが警察が介入したため、彼らは村の四人のよそ者の教師たちを山刀で殺害した。だが予想された嫉妬の範囲を超えて人々が死ぬので、彼らはこの不自然な死には別の原因があると思い始めた（ibid.：66-71）。

エボラが流行した地域では、農民たちの多くが森の中に狩猟や漁労や農耕のための宿営地を持っていて、彼らはこの流行病から逃れるためには森に逃げることが有効だと知っていた（ibid.：75）。しかし、ガボンでは中国に資源開発の利権を与えて借金を返す仕組みの法外に高額な道路建設が進行中だから（cf. Wagner 2014）、森の中に点在するこのような逃げ場はやがて消えてゆくだろう。

一九九七年のエボラ流行の最中にバリー・ヒューレットがその原因についてインタヴューすると、妖術に加えてガボンの政治経済的な歴史に言及する新たな説明が現れた。当時のオマール・ボンゴ大統領はフランスの権力と親密な関係にあり、リーブルヴィル（キャンプ・ド・ゴール）に駐屯するフランス軍は、各地で軍事演習を行った。

一九九六年のエボラの流行の直前にフランス軍がマイブーの森にパラシュート降下して実弾演習を行い、彼らが去った翌日にチンパンジーが死んでいた。彼らが森に妖術の毒を入れたのだ。メコーカで聞いた話は趣が異なる。フランスのミッテラン大統領（一九八一―一九九五年）は、原子力発電所の核のごみを捨てる場所が無いので、ボンゴ大統領に次のように言った。「もしもあなたが私たちの核のごみをガボンに捨ててくれるのなら、あなたとあなたの大臣たちにポケットいっぱいの金をやろう」。ボンゴ大統領はガボン北東の最も辺鄙な場所にあるメコーカの森に核のごみを埋めることにした。そこには道もなく、誰もそれを見つけられないからだ。ところが核のごみは自然を変えて、そこから死の病エボラが生まれた（Hewlett & Hewlett 2008 : 12)。

エボラの原因を説明する語りの中で、パリと隠し扉で通ずるフランサフリクのガボンの中でも最も貧しい北東の辺境の森が、フランスの核のごみ捨て場になっていた。フランスの核エネルギー政策の現地の仲介者であるオマール・ボンゴ大統領とその大臣たちは、ミッテラン大統領からポケットいっぱいの金を貰ったが、北東ガボンの森に住む人々は、核のごみの毒で死んだゴリラやチンパンジーに触れて次々に死んだ。私には初めて聞いた話とは思えない。

第6章　時間

心の生活

私はムナナで過ごした最後の数日間に録音した音声ファイルを聞き返しながら、フィールドノートをざっと読み流し、同じ時期に撮った写真の列を見ながら、しかし心はそこにはなく、記録の隙間で起きていた有象無象の出来事の断片、記録の不在の向こうで持続していた無数の知覚の記憶の端くれ、どこかに隠れていたそんなものたちの一端が何かと連鎖して出てくるのを待っていた。私は現れの表面に留まるつもりはない。なぜ？　心の平静をまぜっ返すフィールドワークに出かけないまま大学が始まり、リモートワークを繰り返すうちに、親しいものの佇まいでさえも不確かに感じられるからだ。

僕は歩いている。ラテライトの粒子の上を歩く足音が反復する。そのリズムに合わせて服が擦れる音がする。ボンジュールと言って僕は足を止める。男の声が何か言う。僕は何？　と聞き返す。男の声がお金と言う。あれは貯水タンクへ向かう坂道の途中だった。小鳥の鳴き声がする。あの鳥はいつも同じ木の枝の上にいて、そうでなければ付近を低く飛んでいたから、僕はあいつの個性を知っている。遠くで別の鳥が鳴く。あの旋律は知っている。僕は口笛を吹きはじめる。そみどふぁれし、そみどふぁれし、そみどふぁれら♯、そみどふぁれら♯……鳥の歌を真似て僕は坂を下る。あの鳥が僕の中で歌っている。僕はつづら折りを下ってゆく。

私は録音を聞くまであの鳥の歌を口笛で吹きながら歩いたことを忘れていた。スティーヴン・フェルドが採譜して記述したパプア・ニューギニアのカルリの森の音の世界（Feld 1990）と同じことが、ムナナを歩き廻る私にも起きていた。私の体は内と外の区別を貫くこの共鳴を忘れていたが、今、あの鳥の歌を口笛で吹くと、あの時の環境の中の運動が私の体の中に残っているのを感じる。これを身体技法とか実践感覚とか言って遠ざけたくない。私の心が向いているのは逆の方向だ。

ニコに案内されてンガマボウングのダムへ向かった日の昼前、私はムナナの人工湖とウラン鉱山跡の間で年配でしっかりした足取りのマリアに出会った。彼女は「あなたはいつも歩いているね。ここで働いているの？」と私に聞いた。マリアにはいろんなことが聞けそうだと私は思う。顔見知りが増えて私は嬉しかった。私は車道を歩く。

籠を背負って裸足のマリアはウラン鉱山跡を斜めに横切る小道を歩く。小道の脇には放射能の測定装置が入っていない空っぽの百葉箱がある。こんなところを裸足で歩いて大丈夫なのか？　鉄網の柵の向こうの背の高い草の間からマリアの頭と籠が見え隠れする。《刷新の町》の入り口近くの柵は壊れていて、そこからいくつかの小道に出入りできる。汚染地帯に近すぎるこの元鉱山労働者の町に入ると、若い女が私の後ろからついて来た。女が話しかけるので、私は何かと思って聞いていたが、意味不明のことを言っている。それは彼女にはとても重要らしいが、私にはそれが何なのか手がかりもない。話しているのに何も通じない。

三五年前のエチオピアのアジバール。私は応急のトタンの建物が並ぶ病院のどこかにいて、普通とは何かが違う悲しい泣き声を聞いた。声がする方へ行ってみると、病院の入り口の前で、全裸の若い女が頭から灰をかぶって泣いていた。その泣き声は、え得も言われず悲しく響き、私の心は共鳴しそうになっていた。ふと私は、旧約聖書の異なる箇所で、愛する人が死んで衣を裂き、灰をかぶって泣く人々の姿が描かれていたことを思い出した。エチオピア人の同僚が、その朝その女の赤子が病院で死んだと言った。私はレヴィ＝ストロースのように、その女の近くにいながら遠くから眺めた。私の心は衣を裂き灰をかぶって泣く女の心と出会うことを回避し、場所と時代を超えて同じように死を悼む相同の構造の関心へ向かうことによって平静を保っていた。裸の女は、変わり果てた世界に一人残されて、死者の姿をして泣いていた。

私はバランディエと彼のアシスタントの後をついて来た心を病んだ若く美しい女の逸話を思い出す。シュヴァイツァーの記述の少し後に出て来るから、オゴウェ川中流域の出来事だったのだろう。二人がどこかの村に泊まった時、ついて来たこの女は雨の中で跪き、自分が犯した性的な罪を神に告白して言った。「神様たちのペニスが長かったから、私の頭の中に子供たちができてしまいました」。人々はこれに注意を払うこともなく、彼女を追い払おうともしなかった。バランディエは、降りしきる雨の中で聞こえてくるこの女の祈りに悩まされ、遅くまで眠ることができなかった（Balandier 1957 : 231）。その奇妙な祈りは女の人生に深い傷を残したある事件のインデックスであり、その延長が今そこで脈打ち、その不可解さはバランディエの心にさざ波を立てたことだろう。女のアンバランスな美しさもまた彼を煩悶させたに違いない。だがそこまでだ。

私はマリアと知り合ったことを嬉しく思っていた。彼女には豊かな社会性があり、歩きながら私の的外れな質問に答えてくれた。それは言わずもがなの近道の歩き方だとか、誰でも知っている何かを指してあれは何だとか、社会的に当たり前なことについての問いへの答えだった。しかし社会性が前面に出ると心は隠れはじめる。人と人が相互に関係するようになると、感覚や感情や思考が心の内と外を貫いて働く痕跡に気づくようになり、そんなインデックスを媒介として、心に接近できる可能性が見出される。そこへ向かうためには、小さくても決定的な跳躍を幾度も試みねばならない。私について来た女の話は意味不明だった。しかし私は社会的に分かりやすいことしか理解しようとしていなかった。それでは集団の社会的な傾向を理解できても、心の生活には近づけない。

私は二〇〇五年に南インドで死者と生者の交流を調査をしていた時、朝早くから通りを掃除する貧しい身なりの女のことが気に掛かっていた。彼女が毎朝カラスに朝食を食べさせていたからだ。（ケララでは死者が家に帰って来る日に供儀カラスに死者の好物を食べさせる。）深いわけがありそうだったが、彼女に何を聞いても断片しか言わなかった。私には彼女の隠喩が理解できなかった。人々に彼女のことを聞くと、あれは不可触民だとか、男に捨てられて気が狂ったのだとか言うが、どれも私の疑問には答えていなかった。私は誰かが教えてくれた彼女の生家を訪ね、昔の彼女のことを良く知る近所の女たちに話を聞いた。三二年前に事件が起きた。ラクシュミは一八歳の美しい人だった。低位カーストのイーラヴァの裕福な家の娘だった。彼女は近所に住む妻子ある男と性的な関係を持つようになって妊娠し、父と兄が男を殺害し、男の妻と子供は夫と父を失い、ラクシュミの父と兄は殺人犯として刑務所に入った。彼女は一人で男の子を産んだ。その子は問題を起こすようになり、彼が成人すると親族たちは幸せを願って盛大な結婚式で祝った。だが彼は妻子を残して失踪した。ラクシュミはふさぎ込み、家を出て路上生活をするようになった。兄が一度ラクシュミを家に連れ戻したが、彼女は再び家を出た。私が出会ったラクシュミは過去については何も語らなかった。全てが彼女を苦しめたからだろう。だが家を出た彼女の顔には陰りがなかった。もう誰もラクシュミの心に接近できない（内山田 2010）。

人格と人格の間で何かが相互に起こり（だがそれはそれ以前に始まっている）、姿を変えて心の中で何かが生起する。それが幾つもの仕事の痕跡、あるいは一つの作品群となって外に現れる。私たちが見るのはこんな心の働きだ。生きている限り、人間の生の活動は、心から出て、心の外で仕事をして、心へ向かう（Gell 1998：221-223）。

日差しが痛いほど照りつけていた。私が誰もいない小学校の校庭に入ってゆくと、女も後ろからついて来た。女は私に話しかけた。私が道に出ると、女はついて来た。通りかかった男が女を叱りつけた。振り返ると、彼女はもう私について来ない。良識はこうして心の生活を閉じ込める。一八三五年六月三日。ノルマンディのカーン近郊の農村。二〇歳の農民ピエール・リヴィエールは母と妹と弟を殺害して「狂気の」殺人犯となった。(二六歳のダーウィンは、その頃チリのワスコの辺りを通過中だ。)彼は母らを殺すまでの経緯とその後の逃亡について驚くべき明晰さで手記を綴った。しかしこの手記は読む人々に作用して顚末《てんまつ》が変わってゆく。リヴィエールの手記は犯罪の部分として誤読され、彼の心の生活はフーコーらに発見されるまで知られることがなかった(フーコー 2010)。

覆土の下には

ンガマボウングのダムを見に行った翌朝、私は《アンビエの町》で食料品と生活用品を売る小さな商店《エピスリ・アンビエ》を目指して坂を下った。クリストフはウラン鉱山の元労働者たちを何人か知っていたが、工事が遅れて忙しそうだった。ケヴィンは仕事関係の人々、同じファンのリセの校長や郵便局員、付き合いのある女たち、サッカーの仲間たち、車に乗せる多様な人たちと親しくしていたが、ムナナに来たのは三年前のことで、ウラン鉱山で働いた人々はおろかンガマボウングの沢やミテンベ川の名前さえも知らなかった。だから私は二人に頼らずに自分で誰か見つけようと思い、水を買いに何度か立ち寄ったことのあるそのエピスリに行ってみることにした。その店にはいつも近所の人たちがいたからだ。

歩いていると多くの発見がある。この発見は活動する私の知覚と経験と思考に依存しているから、歩く体の知覚に加えて半ば連動し半ば独立した心の複雑な働きが関与している。ムナナを歩いて探索する私は、現象を超えた現実を知ることができるのか？　ズボンのポケットにはガイガーカウンターという初歩的な装置が入っている。だがこの装置はα線には反応しない。私は尾鉱と鉱滓が堆積した野原、ウラン製錬工場やその他の汚染した瓦礫が密かに埋められた土地、ウランの鉱滓が建材に混じった建物の中で、ウラン２３８やラジウム２２６やラドン２２２の不安定な同位体がエネルギーを放出しながら別の同位体に崩壊する系列を想像するが、その現実の時間的な過程を知る手段を持たない。生物の細胞内でα線がＤＮＡを損傷すること、ＤＮＡが損傷しても修復されること、ＤＮＡの修復が失敗することを私は知識としては知っているが、その過程は知覚できない。高価な実験室や測定装置（例えば加速器）なしに、私たちは現象を超えた特定の実在を知ることはできない。イザベル・ステンゲルスが言うように、このような実験室と測定装置は、実在を実証するのではなく、現象を超えた実在を「引き起こす」（Stengers 2011）。ＣＥＡは大規模な実験室と測定装置によって実在を引き起こすエージェントであり、ド・ゴール将軍を魅惑した崇高な核分裂の破壊力を、技術と政治と象徴で支配して偉大なフランスになるためにそれは行われていた。ムナナはそこにイエローケーキを供給していたに過ぎない。ウラン鉱山と原子炉は、遠く離れている。《刷新の町》の入り口で見かけた先天的な奇形のある車椅子の若い女。前回来た時に《管理職の町》で何度か見かけた首の左右に首にかけたヘッドホンのような腫瘍のある男。あの異変はどうして起きたのだろう？　たくさん歩いて考えても、それは分からない。

病院に向かう坂の下には、ドアガラスのないハイラックスがいつも同じ場所に止まっていた。同じ場所で何度か見かけたので、私は車がそこで故障したので乗り捨てたのだろうと思っていた。ある晩そこを通った時、車は無かった。翌朝、車はそこにあった。そんなことが何度かあり、週末の朝にはそれが無いことに私は気がついた。国道から遠くに住む人々が、平日の朝に車でここまで来て、その先は乗合バスで行き、夕方に戻って来てこれに乗って帰るのだろう。私はこんな風に推論を変えた。地面には潰れた強壮ドリンクの黒い空き缶が落ちていた。誰かが性的な意図でこれを飲み、空き缶をここに捨て、走る車のタイヤがこれを何度も轢き、それは平らに潰れて路面に付いたのだろう。全ては誰かが何かを意図した仕事の痕跡だ。こうして私はムナナの生活世界を少しずつ知る。そうなのだろうか？　この景観自体が何かを隠すために造り変えられていたら、私は一体何を知ることができるのか？

病院の前には、白いブラウスに赤と黄と緑のひし形の柄の腰巻を着けた女が立っていた。足元には緑色の調理用バナナの房が八つ置かれ、彼女は《レストラン・神の恩寵・今日のメニュー》の文字列の下にメニューが書かれていない黒板を車道に向けて立てていた。隣のベンチでは、中学からリセまでの三人の娘たちが楽しげにさざめき合っていた。娘たちがいなければバナナの房と小さな瓜が入った二つの籠を運ぶことはできない。学校はコロナウイルスの流行のために休みだという。なぜレストランの看板を持っているのかとマダムに聞くと、以前はムナナの町で食堂をやっていたが、客が来ないからモアンダに行くという。彼女はモアンダで食堂をやっているらしいが、その途中の道端で野菜を売っている。これはウラン鉱山閉鎖の経済的な影響だろう。

私はそこからN３を《アンビエの町》の方へ歩いた。右手の茂みの中から水が流れる音が聞こえた。草木に覆われて見えないが、丘陵の崖の湧水がムナナの湖に流れ込んでいる。こんな風に歩くと、見えない水の流れや仕事の音を聞きながら、ムナナのどこで何が起きているのかエージェントたちの分配を知ることができる。待て。セドリックの地図によると、右手の荒地には《アンビエの町》があったが、住宅は取り壊され、この地区はその北側に新たに造られた。なぜだろう？　この町には隠されていることが多い。

エリク・ミシェルの映画「ムナナ、見えない傷」（Michel 2017）に挿入されたウラン鉱山の写真（写真５）を見て、私は西の上空から東の方を撮影したのだと思った。住宅の並び方が変だったが、そのような住宅があるのは《刷新の町》しかないと思い込んでいたからだ。私は暫くしてこの写真は北から南を写したものだったことに気がついた。すり鉢状のウラン鉱山の上には一九六一年に稼働を始めた古いウラン製錬工

写真５

場がある。道路の反対側にはCOMUFの車両の整備場があり、製錬工場の右手にはンガマボウングの沢が見える。ウラン鉱山の北側に拡がる労働者の住宅は今では一軒も残っておらず、どこか不気味な禿げた土地になっている。写真中央下の右端（西側）の《刷新の町》へ続く道の下（北側）には後にボインジ地下鉱山の櫓《やぐら》が建てられた。再整備でそこには土が被せられ、貧弱な草木が植えられ、山羊の親子が草を食んでいる。写真中央を下に向かってムナナの広場の方へ続く道の一番下の左側に、今では公設市場の建物がある。

私が歩いたのは一九九九年から二〇〇四年までの間に低予算で行われた解体と覆土と緑化と水没からなる再整備で景観が変わったムナナ

だった。そこを歩き廻って発見があったことは確かだが、覆土の下に何があるのか私が気づかないことは限りなく多い。セドリックの地図を見ると、貯水タンクのつづら折りの下の道は病院とは反対のオクロの方にも続いている。病院の方から坂を上がって来ると、最初のヘアピンが左に折れるが、そこを直進すればオクロに行けたのだ。その先は木が生い茂り、今では道があったことすら分からない。

《エピスリ・アンビエ》の大きな日よけの下の細長いテーブルの上には、葉で包まれた主食のマニオックが積み重ねられ、バナナ、オクラ、ナス、それに千切りにしたゲツネムの葉であるンコウムがステンレスの皿に山盛りになっていた。三人の中学生くらいの女の子たちが店番をしていた。一人が並べられた商品の名前と値段を教えてくれた。マニオックの毒抜きはどこでやったのだろう？

日除けの奥の方では年配の男と若い男が話をしていた。この近くにウラン鉱山で働いていた人はいるかと私が聞くと、エトゥメジャラがそうだと年配の男が言った。教えて貰った場所は別人の家だったが、出て来た若い男が家まで連れて行ってくれた。エトゥメジャラは庭のベンチを私に勧めて言った。「問題は、問題は、彼らはお金をくれなかった。たくさん、たくさん、肺の病気で死んだ。おー。彼らは私たちが死ぬのを待っている」。CEAは巨額の資金を投入して未来に向けてフランスの科学技術の革新を推進する。アルジェリア戦争中にカビル社会を調査したブルデューは、「フランス人はまるで死なないかのように振る舞う」と話したカビルの老人の言葉を参照して、今の延長上にあるカビルの「やがて現れようとしている」時と、今とは断絶したフランスの未来を対照する(Bourdieu 1963)。未来へと若々しく前進するために死は隠されるし、エントロピーは遠くに捨てられる。

説明ではなく経験の方へ

エトゥメジャラは一九九九年にCOMUFが撤退するまで、三〇年以上に渡ってウラン鉱山で働いた。ムナナでウラン鉱石を掘り、ウラン製錬工場で働き、ウラン鉱石を運搬するトラックの運転手として働き、オクロでも働いた。二〇二〇年に六五歳だったから、一九九九年まで三〇年以上働いて一時期仕事を離れていた期間を含めると、彼は一四歳よりも若い頃から働いていたことになる。エトゥメジャラのフランス語は聞き取りにくく、私が聞き違えるので、彼の話を息子のンジミが説明した。後ろに立っていた妻のアンブロワジンの話も聞き取りにくかった。

エトゥメジャラは次のようなことを私に話した。我々がウランを掘り、COMUFは去った。我々はウランのためにどんどん病気になった。彼らは何もくれず、我々は（補償を）待って待って待って待って、彼らは我々が死ぬのを待っている。彼らは我々のことはまったく気遣わない。まったくだ。アンブロワジンが、ムナナのすべての家族がウランのために病気になったと話し始めた。彼女は今のムナナの人々ではなく、過去のムナナのある集団のことを話しているらしいが、私にはほとんど理解できない。ンジミが、これはインタヴューだから……と母を黙らせようとしたので、私はだいじょうぶだいじょうぶ、それでいいんだと言った。エトゥメジャラはプラスチックのIDカードの束を手にしていた。アンブロワジンはそれに目を遣りながらこう言った。これは弁護士にもらった。カードをいくつもいくつもくれて、でもそれだけ。カードをもらってお金を待っていたがお金はない。エトゥメジャラの妹らしい女と離れて座っていた混血の男が、問題は仕事がないことだ、失業がムナナの問題だと話し始めた。私はウラン鉱山では労働者を守るために何かしていたのかと聞いた。エトゥメジャラが、うん、マスクだ、それから線量計（フィルムバッジ）、これはフランスに送られて、その結果は知らされなかったと言った。私はガブリエル・ヘックがフィルムバッジはフランスに送られて結果が戻るまで一ヶ月が経過したと書いていたことを思い出して（Hecht 2018：119）、一ヶ月経ってから結果を知ったのかと尋ねると、彼はこう言った。結果を知らされることはなかった。鉱山が閉じるまで結果を待っていたが、何も知らされることはなかった。

コジェマとCOMUFはウラン鉱山労働者のフィルムバッジのデータを持っていたが、彼らは被曝の状況については知らされていなかった。ヘックによるとCOMUFは一九六〇年代から一九七〇年代にかけて労働者たちに十分な防護具を与えず、それが改善したのは一九八九年のことだった。ラドンについては経済的な理由から十分な対策を講じていなかった（Hecht 2012：230-239）。ウラン鉱山の労働者たちが病気になり、ウランとの関係を疑ってCOMUFの病院に行くと、必ずウランとは関係ないとドクターに言われた。彼らはフランスの核エネルギー開発の底辺のウラン鉱山で働き、多くが病気になり、動物実験のマウスのようにデータを取られ、何の補償もなく、COMUFは去り、彼らは取り残された。これは一体どういう政治なのか？　私がこう質問すると、ンジミが、これは会社の政治だ、これは社内規則に関することだと答えた。私はなるほどと思ったが、エトゥメジャラもアンブロワジンも黙っていた。それは意味の無い質問に対する意味の無い答えだったに違いない。ンジミの知識は、人類学者のそれと同様に、当事者たちの話を特定のフレームで解釈していた。それを保証するのは社会的に敷衍した良識と教養だろう。だから彼の話は解りやすい。だから私は不明な部分が圧倒的に多いエトゥメジャラとアンブロワジンの経験の方へ向かわねばならない。説明ではなく経験の方へ。

エトゥメジャラとアンブロワジンは、ウラン鉱山の仕事と生活について自分たちの経験を語りながら、私には接近できない過去の出来事を思い出して、それが様々な感覚を喚起するらしく、私には不明なことを興奮気味に話すのだった。ンジミは両親の話を興味深げにじっと聞いていた。ンジミが穏やかな口調で私に語る説明には、エトゥメジャラの言葉から発散するあの強度が欠落していた。だがンジミは、他の若者たちに比べると、ウランの汚染について様々なことを知っていた。両親からたくさん聞いていたからだ。ンジミによれば、ムナナの全ての池と人工湖はウランで汚染されている。エトゥメジャラは、公設市場はウランで汚染されているから商人たちがいないのだと言った。それは私がこれまで聞いた経済的な説明とは異なり、ウランの汚染を原因とする説明だった。その場所の過去を知る彼の視点から見れば、公設市場はウランの汚染にまみれていた。エトゥメジャラの庭から見たムナナは、種々の痕跡を残しながら沈みゆく時間の流れとダブって見える。彼の庭で話を聞きながらムナナの公設市場や広場を見ると、それは異なる陰影を帯びる。

不意にエトゥメジャラは、うつむき、顔をしかめ、こめかみを押さえて、オクロではいつも頭がガンガンしたと言った。私はある出来事を思い出した。二〇一九年九月にセドリックとオクロに行った時、線量計が1・11μSv/hを示した付近で、私は頭の中に圧力を感じた。頭の中のその感覚は突然始まった。低線量の放射能は人間には感じられるはずがないので、これは私の脳が作り出した感覚であり、放射能の作用であるはずがないと私は思ったが、そう考えても頭の中の不可解な電気信号は消えなかった。眉間にしわを寄せてオクロでは頭がガンガンしたと話すエトゥメジャラの顔を見て、彼の顔を歪めさせている何かのエージェンシーの働きは否定できないと私は思った。オクロにはヤニックの測定器に強力なラジウム226を検出させ、私の頭の中に奇妙な電気信号を感じさせ、エトゥメジャラの頭の中でガンガンと痛みを感じさせたエージェントの働きがある。私は九月にまた来ると言ってエトゥメジャラと別れ、ンジミとマニオックの畑を見に行った。

ンジミと私はN3を横断して草の中に分け入った。草叢の中で茶色に錆びた自動車のシャーシが佇んでいた。ムナナでは方々に車が放置され、中にはCOMUFのウラン鉱石運搬用のトラックやランドローヴァーの残骸もある。これは頑丈そうな長方形のシャーシだ。それは自動車としての機能を失い、シャーシとしては劣化しているはずだ。ムナナでは比較的に新しい市役所も郵便局も建物の一部が壊れていて、どこを見てもエントロピーが増大した状態にある。最も徹底的に破壊されたのはムナナのウラン鉱山とオクロの天然原子炉だ。コジェマは簡便な再整備でこれらにラテライトを被せて植物を植え、あるいは水を張っただけで処理を終えた。だからムナナは大量のウランの尾鉱と鉱滓の中にある。砂岩の中に安定した状態で閉じ込められていたウランは掘り出され、捨てられた尾鉱と鉱滓はムナナの生物圏の中に放置されている。これがウラン鉱山が行き着く姿だ。フランスの核エネルギー産業は、周縁から資源を取り込み、彼らが使えるエネルギーを飛躍的に増大させ、飛躍的に増大した乱雑さは周縁に放置して、彼らはまるで死なないかのように振る舞う。

茂みの中には人が歩いた跡があり、ムナナの広場の手前の池を見下ろす斜面にはマニオックが植えられていた。隣接する貧弱な茂みは以前の畑だという。斜面の下には小学生の男の子たちがいつも魚釣りをしている池がある。ンジミはあれは汚染していると言った。私はそこからオクロのウラン鉱山へ、オクロの天然原子炉を創造した地球の過去へと進むつもりだったが、もう一つのウラン鉱山に迂回しよう。全ては関係しているのだから。

二〇二〇年一一月九日から一二日にかけて私は鳥取県の旧東郷町方面《かたも》地区のウラン鉱山に通った。一一月八日に岡山県津山市の旅館に投宿して、翌日は二人の学生と雨の中を方面の集落に行ってみたが、私にはつてもなく、どう中に入れば良いのか途方にくれた。東郷町図書館でウラン残土の資料を見ていると、館長がウラン残土問題の日本海新聞の記事のスクラップブックを奥から出してくれた。翌日その記事を集めていた方面の人に紹介され、その人が引き合わせてくれたのが、放置されたウラン残土の撤去を動燃に求めた運動の中心にいた榎本益美だった。とても幸運だった。榎本は高齢で病み上がりのために紹介できないと原子力の研究者として彼を支えた小出裕章に言われていた。私はこの地方の猟師の親方である榎本と方面の山を歩きながら、彼が仕掛けた猪の罠を見せてもらい、猪の足跡、猪の習性、猪との駆け引き、猪の道の五〇メートル地下にある坑道のことなどを聞いた。山を歩きながら猪とのことを話す猟師の榎本はとても自由で楽しそうだった。

下流へ

雪。二〇二〇年一一月三〇日の午後は吹雪になった。ライトをハイビームにすると、眩しく光る雪の群れが現れてフロントガラスにぶつかった。雪の中を飛んでいるようだった。朱太川《しゅぶとがわ》は見えない。私はこのままでは危険だと思い、スピードを落とし、ライトを下向きに切り替え、身を乗り出すようにして前を見ながら寿都《すっつ》から黒松内《くろまつない》の旅館に戻った。宿に帰ると一一月八日から一三日まで滞在した岡山県津山市の旅館の若旦那が、津山朝日新聞の「人形峠のそれから」という連載の五回分をメールで送ってきた。一九五五年に人形峠でウラン鉱石の露頭が発見され、原燃公社が採掘を開始したが含有量が少なく、上斎原村では一九七二年に動燃のウラン濃縮試験工場が稼働して電源交付金で潤うようになり、一九八八年にウラン残土問題が発覚し、ウラン製錬施設とウラン濃縮施設の放射性廃棄物の処理問題を抱え、人形峠環境技術センターは廃止されることが決まった。これからは廃止措置のフロントランナーになるという（津山朝日新聞 2020・11・24-28）。

人形峠にはウランを試掘した鉱山跡の他に、ウラン製錬施設とウラン濃縮施設があり、これらを解体して処理する技術を開発するという。彼らは活動の末期になっても、技術革新を試みながら、先頭を行く開拓者のように振る舞う。追随する者たちがいるからだ。実際は彼ら自身が追随者なのだ。彼らは放射性廃棄物を処理する技術を手に入れる実験をして、その放射性廃棄物をどこかに置いて立ち去るだろう。中枢部分のエントロピーを下げて、まるで死なないかのように進むために。旧上斎原村は、電源交付金を失い、核のごみの中に沈んでゆくだろう。ムナナの状況はもっと野蛮だ。フランスの核エネルギー開発のために、掘り出しやすいところを掘り尽くし、天然原子炉群を破壊し、膨大な放射性廃棄物がぞんざいに残されている。

私は一一月二五日に北海道に来て以来、寿都に泊まったり黒松内に泊まったりしながら、この地域のありふれた日常の色々な印象が私の中に染み込むままに任せていた。初日はＮＵＭＯ（原子力発電環境整備機構）の理事が、最終処分場の選定に向けた文献調査への協力を要請するために寿都町と神恵内《かもえない》村を訪れた日と重なった。寿都では対話を進めるために二〇人の住民の代表を選ぶという（北海道新聞2020・11・26）。テレビのニュースがNUMOが寿都にコミュニケーションのための施設を開設すると伝えていた。二六日に宿泊した寿都の宿には、核のごみに関する取材はお断りと張り紙があった。外部の者たちが一度に押し寄せて来て同じ質問を繰り返すので、ここの人たちは辟易したのだろう。だから私は最終処分場のことは聞かないと決めた。聞いたのはニシン漁で栄え、だし風が吹き、鉱山の汚染が問題となり、汽車が走った寿都の繁栄と没落だ。人間が働いていた灯台も測候所も今では無人化され、町には廃屋と空き地が多かった。

一二月一日の朝、誰かが廊下を歩く足音で目が覚めて二階の窓を開けると車は雪に埋もれていた。昼前には空港へ向わねばならない。三週間前に津山市でフィールドワークをしていた七人の学生たちの話を翌日の午後に大学でじっくり聞く予定にしていたからだ。私は親切な司書が貸し出し禁止の報告書までも特別に貸してくれた寿都の文献を返却するために、吹雪の中を図書館に向かった。寿都黒松内線を北上して国道二二九号線を左折すると、雪の中に赤い誘導灯を手にした警察官が立っていた。手前にトラックが停止し、道路の向こう側では水産加工会社の冷凍トラックが朱太川の河原に突っ込むようにして銀色の後部を見せて転落していた。

吹雪の中では時間と空間の位置関係が不確かになる。経験の地平を離れ、個別を離れ、身体を離れ、一般的な図式で考えると、不可逆的な時間の流れの中の今においては、訪れて間もない人形峠ウラン鉱山も過ぎ去った過去となり、ムナナとオクロはその過去の過去の過去になっている。しかし津山の若旦那からのメールは、あの場所の今を更新してくれた。エトゥメジャラが手にしていたプラスチックのIDカードの約束は更新されなかった。それはやがて実現する未来として期待されていたが、ある出来事を契機に、過去の約束となり古びてゆく。エトゥメジャラがオクロではいつも頭が痛くなったと話した時、彼の顔はその痛みのために歪んでいた。あの痛みは過ぎ去った過去の痛みではなく、あの時の今においても痛みの時間は連続していた（cf. ミンコフスキー 1972）。私はあの後ムナナを訪れることができなかったから、エトゥメジャラの「生きられた時間」についてはそれ以上のことを知らない。彼のプラスチックのIDカードの束が、実現しなかった約束の廃墟となった事件について書いておこう。

フランスの法律NGOシェルパと医療NGOメドゥサン・デュ・モンドは、二〇〇七年に市民科学者の実験室CRIIRADと共にムナナを訪れ、ウランによる環境汚染と健康被害について予備的な調査を行った（Sherpa 2007）。アレヴァと二年間の交渉を経て、二〇〇九年にはムナナでウラン鉱石の採掘に従事した七〇〇人以上のアフリカの元労働者たちの健康状態をモニタリングするために、保健の監視施設を設立することに合意した。二〇一〇年に運用が始まり、二〇一二年には六五〇人の元労働者たちが検診を受けた。シェルパの理解によれば、この検診はウラン鉱山の元労働者たちが補償を受けられるようにする目的で行われたが、アレヴァは二人のフランス人に補償金を支払った後、プロジェクトの目的をコミュニケーションへと変更し、約束していた除染も実施しなかったため、シェルパとメドゥサン・デュ・モンドは関係を解消した（Sherpa 2012）。

原子力マシーンのグローバルなネットワークの上を行き交う人とモノと情報はどんな性質のものなのか？　ネットワークに連なる諸部分はどのように取り込まれ、どのように切断されるのか？　グローバルなネットワークの末端の周囲にはどんな生活世界が拡がり、どんな生活が営まれているのか？　私はそんな疑問を抱いて歩いてきた。存在の重みを持つ個別のものたちが、ネットワークのプロトコルによって翻訳され、共有された性質を獲得して循環する。あるいは外に放置される。このグローバルなネットワークを取り巻くそれぞれの地域に固有の生活世界の中で活動する時、アクターたちは共通の属性を後退させて、その場所に特有の関係性を内包した個へと変態している。鳥取県の旧東郷町の方面で出会った榎本益美はそんな人だった。彼は方面のウラン残土の撤去を求めて動燃と戦った在地の社会運動家だったが、ウラン鉱石とウラン残土が放置されていた裏山で、猪の通り道を見極め、猪を巧みに仕留める腕の良い猟師だった。

私が人形峠に向かう直前にインディアン保留地のウラン問題を研究する玉山ともよからメールが来た。日本原子力研究開発機構が輸送コストを負担して人形峠のウラン残土一三六トンをユタ州のホワイトメサ製錬所に再び送る計画があるという。それはウランを含む鉱物資源としてエナジー・フュエルズに提供される。(たったの一三六トンだ。)だから私はフレコンバッグを見かけると車を止めて見に行った。一一月九日に三朝東郷線を三朝温泉に向かって南下していた時、方面の入り口近くの丘が切り崩されているのが見えた。そこには黒いフレコンバッグが並んでいた。私はウラン残土ではないかと思い、道を引き返して見に行った。二日後に榎本と方面のウラン鉱山跡に登った時、集落の入り口の工事について聞くと、ウラン鉱山の坑口付近を覆っていた土砂が流出したために、覆土に使うために山を切り崩しているのだという。それはウラン残土ではなかったが、私を方面へ、その奥の坑口へと引き寄せた。

その日は東郷町図書館でウラン残土に関する資料を読んでから、ウラン残土を加工したレンガの行方を追って三朝温泉に行った。翌日も図書館で資料を読んだ。そこには榎本の『人形峠ウラン公害ドキュメント』(榎本 1995)もあった。日本海新聞の記者だった土井淑平が榎本の話を聞いて作文したのだと榎本が後で教えてくれた。そこには図表を交えながら社会問題としてのウラン残土について分かりやすく書かれていたが、山の猟師としての榎本の影は薄かった。榎本と話していて猪との駆け引きや狩猟の奥義のことになると、彼の身振りと声の音色は楽しげなリズムを帯びるのだった。一〇日の夕方に本に書かれていたウラン採掘、被曝による体調不良、妻を含む癌で亡くなった方面の人々のこと、ウラン残土を放置した動燃との戦いについて話を聞いた後、私は山で猪の罠を見せて欲しいと頼んだ。こうして私と学生たちは自分の匂いを消して猪を出し抜く榎本とウラン鉱山のある山を歩くことになった。規模は全く違うけれどムナナと人形峠はかつて核物質の流れの上流にあった。寿都はその下流の候補地になろうとしている。

どんな世界が現れるのだろう?

二〇二〇年一一月一一日の午後、四人の学生たちと私は方面のウラン鉱山の上の尾根で榎本の話を聞いた。下の方(一九九一年に坑口を土嚢で閉鎖するまでラドンが噴き出していた下一号坑の辺り)から土留め工事をする建設機械の音が響いていた。私たちが立つ場所は、ウラン鉱山から掘り出した土砂が谷に捨てられて、平らな尾根になっていた。もうずいぶん昔のことなので忘れてしまいましたが……と前置きして榎本は話した。若い頃、二五歳になる前に(一九五八年から一九六二年まで)ウランを掘った。日銭を稼ぐためだったが、日本の原子力開発に貢献しているという思いがあった。紫外線ランプに照らし出されたウランの露頭を初めて見た時、それは金色に輝いていてとても美しかった。放射能のことは考えていなかった。方面のウラン鉱石は高品質で、トロッコで降ろして、松崎の駅から貨物列車で東海村まで運び、日本最初の原子力発電所の燃料になった。(それは一九六二年に運転を始めた国産の実験用原子炉のことらしい。)鼻血が出るようになり、髪の毛が大量に抜けて、いつも疲れていた。胃潰瘍のために胃を全摘出した後ウラン採掘はやめた。(方面の鉱山は一九六三年には閉山になった。）掘り出したまま積んであったウラン鉱石と残土は、雨で流れた。胃潰瘍の後は前立腺癌になり、一時はもうダメだと覚悟して猟銃を手放した……。榎本は回復して八五歳とは思えないほど軽々と山を歩く。彼は坑口よりも上に猪の罠をいくつも仕掛ける。山の奥には大きな猪がいるからだ。榎本は動燃を相手に戦う闘士だった。だから目の敵にされた。……横浜にある動燃の本社に町長と二人で残土を取り除いてくれと頼みに行ったら、町長だけが通されて、私一人で玄関で待たされて、これは外されたと思って五階までトコトコ登って、町長は勉強不足だっけ、埒があかんから私が凄んだんですよ。そしたらビビっとったみたいです……。ウラン残土は二〇〇六年にアメリカの先住民の土地に運ばれ、残りはレンガを製造して清楚な花壇やモニュメントの台座や舗装に使われて見えなくなった。

私は最初の日にウラン残土レンガを追跡していた。それは三朝温泉の観光案内所から西に一・五キロ離れた三徳川沿いのキュリー公園のブロンズ像の台座と公園の舗装に使われていた。台座の前の線量は0・32〜0・28で警報音が鳴った。周囲には家も何もないが、放射能の危険を知らせる掲示もない。犬を散歩させていた男がそこでしばし佇んでいた。方面のウラン残土を外に拡散させるために、また残されたウランとラドンガスを閉じ込める工事のために、相当なお金が使われていることは確かだ。日本原子力研究開発機構は、これをウラン採掘の採算を度外視した「実験」の一環としてやっているのだろう。ムナナは汚染の規模の次元が異なるし、再整備の予算の少なさも圧倒的だ。

私はつくばの家でエトゥメジャラの庭で撮った写真を見ている。《アンビエの町》は少し高い所にあり、庭の向こうに公設市場とムナナの広場が見える。エトゥメジャラがCOMUFの一九九五年の日記帳のページを開いている。「三五年間の存在と適応」の見出しの下に、一九五三年にウラン発見、一九五八年にCOMUF設立、一九六一年から一九九三年まで六三四万トンのウラン鉱石が採掘され、二万四二〇〇トンのウランが生産され、含有率は三・八四%と記されている。人形峠では八万五五〇〇トンのウラン鉱石が採掘されて八四トンのウランが生産された(小出 2001 : 36)。含有率は〇・一%程度で品位も低かった(小出 1995 : 146)。榎本は方面のウランは高品質だったと何度も言った。私はそこに方面の山を肯定する存在の強度を感じた。

COMUFの日記帳の「展望」と書かれたページの見出し「天然原子炉あるいはオクロ原子炉」の横に、一九七二年六月にウランの試料から異常が発見されたとある。

一九七二年九月二七日のル・モンドによれば、ムナナからピエールラットのウラン濃縮工場に送られた試料を分析すると、ウラン235は〇・六二一から〇・六四〇％しか含まれていなかった。ある試料は〇・四四％だった（Vichney 1972）。「採掘された鉱石中のウラン濃度が高いほど、ウラン235の同位体存在比が小さくなる」のだった（藤井 1985 : 6）。

放射能は四六億年前の太陽系の誕生と共にある。寿命が短い放射性核種は消滅し（小出 2001 : 199）、半減期が四五億年と七億年のウラン238とウラン235は今でも存在する。化石として現存する最古の生命は三五億年前の原核生物のバクテリアであり、生命はそれ以前に誕生していたと考えられる（Kauffman 1995 : 10-11, 161）。エルンスト・メイヤーによれば、生命にとって最も重要な出来事は、原核生物である真正細菌と古細菌の共生から、真核生物が誕生したことだった。それは二七億年前のことだった。真核生物は原核生物にはない重要な特徴がある。細胞内共生の結果ミトコンドリアや葉緑体などの細胞小器官があり、生殖は二分裂や出芽ではなく減数分裂を経た性的選択を行い、さらにはセルロースやキチンの細胞膜を持つようになった（Mayr 2001 : 47-53）。

二〇億年前に光合成によって大気中に酸素が存在するようになった頃、水中を泳ぐ初期の原生生物は酸素の毒性を嫌ったが、酸素を吸うバクテリアを取り込んで水中を泳ぎ酸素を吸う真核生物が誕生した（Margulis 1998：35-37）。この頃にウランは酸化して水に溶け出し、オクロではそれが微生物マットの上に流れ込み、その中に生息していた原生生物がこれを体内に取り込んだ。生命の進化の過程で、生物たちが有害なカルシウムを貝殻や甲羅として体の外側に、あるいは骨格や歯として体の内側に取り込んだように、沼の微生物は毒性の強いウランから身を守るために細胞質を避けて細胞膜にウランを蓄積させた。これが堆積して地殻の中で鉱脈となり、砂岩に閉じ込められて天然原子炉になったと考えられる（Lovelock 1995b：115-117；2000：86-87）。

地球でも、月でも、隕石でも、天然ウラン中のウラン２３５の含有率は〇・七二％だ（Meshik 2005）。太陽系が四六億年前に核融合から生まれたからだ。しかしオクロのウラン２３５の含有率はこれよりも低かった。天然原子炉が誕生した二〇億年前のウラン２３５の濃度は三・七％であり（藤井 1985：11）、ウラン燃料の三―五％と変わらない。天然原子炉の中には減速材となる水も存在していたから、原子炉はおよそ一〇万年に渡ってゆっくりと核分裂を続けた。だから高純度のオクロのウラン鉱石のウラン235の含有率は低い。

日記帳の「展望」は、天然原子炉が稼働する条件を二つ挙げる。核分裂物質の「臨界質量」が必要であり、核分裂が止まらないために「ポイズン」が存在しないことが必要だ。「展望」の最後に、オクロで採掘されるのはすでに「燃焼」したウラン235であり、劣化ウランであるから商業化は難しく、財政上の価値は低いと結論している。これがオクロの評価だった。オクロの露天掘りは一九六八年から一九八五年、地下鉱山は一九七七年から一九九七年にかけてウラン鉱石が採掘された。二〇億年に渡り、稼働し、停止し、安定した状態で保たれていた天然原子炉群は、三〇年間で掘り尽くされ、露天掘りが行われた巨大なすり鉢には汚染した機材が捨てられ、放射能を遮蔽するために水で満たされた。その水はオクロの南端の低い所から南の方へ流出し、その先は深い緑で隠されている。

一九四二年一二月二日にアメリカの原子炉シカゴ・パイル一号が人類史上初めて臨界に達した。二〇億年前にオクロには一七の原子炉があった（Gathier-Lafaye 1986）。天然原子炉が存在したという事実は、世界最初の原子炉の臨界という科学技術の革新を自然の模倣に変えた。原子炉の中でウラン238に中性子が当たって生成するプルトニウム239も、新たな人工的な核分裂性物質ではなかった。それは天然原子炉の中で生成し、長い時間を経て消滅していた。太陽系が原子力マシーンの原型だったのであり、オクロの天然原子炉の誕生には、太陽系の誕生、地球の環境の変化、生物の進化、細胞内の活動、地殻運動が重要な役割を果たしていた。だがオクロは破壊され、異常な水準のエネルギーを消費しながら模倣の異種が生産され稼働するが、それが運転される期間は短い。天然原子炉を破壊したコジェマとCEAは、研究はシミュレーションで続けられると主張した。だが彼らの関心事は、地球と生命の共進化の不思議ではなく、天然原子炉の安定した構造を核廃棄物の地層処分に応用することでしかなかった。フランスの核エネルギー体制は、イエローケーキと地層処分の知識を獲得するために、オクロが必要だったのか？　それはアメリカが圧倒的な核抑止力を確立するために、ヒロシマとナガサキを必要としたという論理と似ているが、何かが決定的に違う。オクロはフランスの核開発を必要としたのか？　それは否だ。日本の原子力開発はヒロシマとナガサキを必要としたのか？　技術的にも、政治的にも、これらは連続している。だから否ではない。必要としたのだ。原子力マシーンを取り込み、これに取り込まれてしまったのだ。

一一月二七日の午前、私は寿都町の図書館に居た。小学生の一団が訪れていて司書に質問をしていた。そこに老人が現れて「俺は寿都で一番の物知りだから何でも聞いてくれ」と話しかけた。子供たちが誰も反応しないので、私が寿都の昔のことを聞くと、「一番の物知りだというのはほらだった」と彼は笑った。昌《あきら》は漁師の家の四代目で八四歳。「でも親がいねかったから、じいさんが月給取りになれって」。中学を出て札幌電気通信学園に入学して電電公社になる前の電気通信省に入り、トンツートンツーの電報技師になった。ひいじいさんは能登の人で「北海道に行けば魚がとれて景気がいいよ」と言われて寿都に来たらしい。昌はじいさんから教えてもらったという八音節と七音節からなる「だし風」の韻律を教えてくれた。「すっつにだしねば、ごっこにほねね」。寿都にだし風がなければ、ごっこ（ホテイウオ）には骨がない。この韻律には二重の意味があるという。寿都にだし風がなければ、北海道の五つの港（函館、室蘭、釧路、小樽など）に船はない。それほど寿都は良い港だった。一時は栄えたニシン漁も、鉛と亜鉛の鉱山も、坑口に駅があり貨物列車に小さな客車を連結して人が多い時は貨車にも乗った寿都鉄道も、測候所の大きな建物も無くなった。ここは遮る山がないから長万部《おしゃまんべ》からだし風が吹き抜ける。

翌日、私はだし風の通り道を黒松内から長万部まで遡り、一駅北の静狩から寿都湾までの谷間を怪しいほどゆっくりと通り抜けた。昔、ミズナラとトドマツとブナの森があったらしい。ミズナラは北海道から九州まで分布し、トドマツはこの辺りが南限で、ブナはここが北限だった。今では見渡す限り貧弱な木々しか見当たらない。ブナが少し保護されている。イタチが道を横断した。牧場が所々にある。屋根が潰れたサイロがぽつんと立っている。私は壊れたサイロをすでに何度か見かけていた。だし風の出口には巨大な風車が並び、ブレードがゆっくり回転している。昌の曾祖父の頃がニシンが最も獲れた時代だった。昌の祖父も漁獲高が減ったニシン漁を経験しただろう。三月下旬から四月下旬にかけてニシンの大群が沿岸に押し寄せた。メスが海藻に卵を産みつけオスが射精して、海は白く濁った。群れの一部は朱太川を遡り、トドがその後を追って来た。その声がうるさくて眠れなかったという。だし風が吹くとニシンは沖に逃げた。測候所はニシンが来た日と去った日を記録した。一八九七年がニシン漁のピークで、水揚げは一〇〇万トン近くあった。それからニシンは徐々に減り、一九三〇年以降はほとんど獲れなくなった(山本 2014：55-64, 554)。

ニシンもトドも昔話だ。森も消えた。春ニシンの消滅を研究した三浦正幸は、乱獲はニシンを減らしたが、消滅させたのは内陸の森林伐採だったと考えた。森林伐採と春ニシンの消滅の間にはいくつものミッシングリンクがある。三浦はこれを、内陸の針葉樹林の霧と炭酸の関係、陸水が運んだ炭酸と珪藻と端脚類とニシンの稚魚の食物連鎖だと考えた。『魚と卵――さけ・ます資源管理センター技術情報』という水産学のマイナーな雑誌のページに綴られた三浦のミクロかつマクロな針葉樹林からニシンまでを繋ぐ連鎖の詩学を書き抜いておこう。

始まりは針葉樹林と霧の関係だ。「静まりかえった雲海の下では密生する針葉によって霧は樹雨と化し、かわって濃霧が入り込む。この間潜熱の微妙な動きが介在して霧の補足が絶え間なくつづく。この機作は夜間に著しいが、この時間帯は森林植物の呼吸による炭酸ガスの排出が多く、これは霧に溶けて可逆性の炭酸となり、やがては光合成の主役を演ずることとなる」(三浦 1972：42)。その先は川の水が運んだ炭酸と珪藻の関係からニシンまで食物連鎖が続く。「春ニシンの食物連鎖は、まず珪藻に代表される植物プランクトンが、光合成によって分裂増殖することにはじまる。太陽の光と熱と炭酸ガスと水が決定的役割をもつ場である。これを端脚類に代表される動物性プランクトンが捕食して成長して繁殖する。ニシンの幼稚魚はこれを食べるが、間接的には珪藻を食べて成長することになる」（三浦 1972：42-43）。しかし内陸では森林が消滅し、陸水はニシンの産卵場の珪藻の増殖に必要な炭素と栄養塩基類を供給しなくなった（三浦 1972：43）。

この海辺のどこかに最終処分場が造られる。日本各地の原発の使用済み燃料は、仲介者たちのポケットいっぱいのお金と引き換えに、六ヶ所の再処理工場に運び込まれ、プルトニウムとウランが取り出され、高濃度の放射性廃液はガラス固化してキャニスタに入れて、仲介者たちのポケットいっぱいのお金と引き換えに、最終処分場に運び込まれる。使われないまま増え続けるプルトニウムも挙げ句の果てには最終処分場に運び込まれることになるだろう。小型原子炉を稼働させたら核のごみはもっと増える。想定外が出番を待っている。エネルギーを大量消費する未来志向の中心は、原子エネルギーの開発と消費を続け、増大するエントロピーを下げるために、メトロポリスからも、その周縁からも、遠く離れた辺鄙な所に大量の核のごみを捨てて、まるで死なないかのように振る舞うだろう。最終処分場の周囲では、やがて現れようとするものたちの生命の連鎖はどうなるのだろう？　そこにはどんな世界が現れるのだろう？

おわりに

二〇二〇年一二月下旬、私は福島県の小名浜、久之浜、広野、楢葉、富岡、大熊、双葉、浪江、南相馬、飯舘を訪れて、ガボンで見聞きして考えたものが何だったのか考えようとした。土浦駅から常磐線に乗り、幾度となく眺めた沿線の風景を見ていると、東日本大震災の傷跡は隠されていて、見出すことが難しい。ムナナで見たものは、そこを歩かないと感じられない隠されたものたちの世界だった。しかし私がいくらそこを歩いても、誰かが教えてくれなければ隠されたものには気づかないことが多かった。ムナナのクリストフやエトゥメジャラは見ているものが全く違っていた。方面の榎本もそうだ。私が追い求めていたのは、ここそこに隠されている何かについての知、一覧表の知ではなく、暗黙知、身体知、生命の記号過程の働きだったのだと思う。

私は一二月二六日から浪江に三泊して双葉、南相馬、飯舘、浪江の津島地区を訪れ、一二月二九日から富岡に三泊して知り合いに会ったり、全線が開通したJR常磐線の富岡駅から原ノ町駅へ行って来たりした。浜通りに来て七日目の朝は元旦で、私は午後にいわき駅から電車で帰ることになっていた。朝起きて窓のカーテンを開けると初めての快晴で、富岡のホテルの窓からいつまでも建設中の堤防のような道路の向こうに青い海が見えた。二年前に見えていた海上の三つの風力発電の風車のうち、ブレードが回っていなかった一番大きな三菱重工の風車は無くなっていた。残りの二つも撤去される。それは海外への輸出に向けた洋上風力発電の実証実験の施設として設置され、夢のような目標が歌い上げられ、六二〇億円の予算が使われた。だが採算は見込めず、引き取り手も見つからない。残された施設を撤去するために五〇億円が計上される。プロジェクトは失敗だったが、貴重なデータが得られたという理由で、経済産業省は失敗を認めない。高速増殖炉や再処理工場でも同じことが起きている。ネタは割れているのに、なぜ同じ手続きで、同じような事が続けられるのだろう？

黒豆とお雑煮がついた朝食後、楢葉の等《ひとし》から電話があった。帰る前にちょっと来いという。その二日前の一二月三〇日の朝、等と正憲《まさのり》がホテルを訪ねて来て、三人で富岡、大熊、双葉、浪江、楢葉、広野の裏道から裏道をくねくねと走り回った。普通の人たちが走る国道六号線ではなく、海岸線を北上して等が料理人として働いていた結婚式場があった海を見晴らす空き地に行った。近くに家があり軽自動車が止まっていた。そこに黒のダウンコートを着た女が立っていた。等と正憲がしきりに、あれ同級生じゃないの？　あの美人の。窓そーっと開けてみろ。こんにちはー。あー違ったあ。などと言っている。二人の同級生の家はそのすぐ下にあったが、人の気配はなかった。解体した正憲の家の敷地に植えられた草花を見てから、私たちは富岡総合グラウンドを見に行った。正憲がホームランを打ったという野球場があり、富岡中学校がある。「すごいなー。母校がない」と正憲が言った。復興拠点を離れると亡霊の町になっている。

そこから裏道を走り、正憲が配管工事をしたという大熊の東電の宿舎をぐるっと巡り、線量が高いために一日三時間以上は働けない苺を栽培する巨大なハウスを見た。そこでは一二時から一三時まで苺を「一時間限定で販売」と宣伝しているが、一時間限定の本当の理由は高い放射線量だ。客にはそれは言わない。真新しいJR双葉駅に行って建物に入ると、パトカーから警察官が降りて私たちをじっと見ていた。正憲と私は怪しい人たちになのだろう。国道六号線を通って浪江に出て、正憲がラーメンと言うので津島地区の方へ続く国道四五九号線沿いの新しいラーメン屋に入った。等がここは同級生の山田さんちの洋品屋さんだったなどと言うと、正憲が国道の反対側の空き地を指して、あそこはスーパーだったと言った。二人は浪江高校に通っていたから、この辺りの無くなった家々や住んでいた人々のことを前提にして、二人して見えない建物の群れをあれこれ教えてくれたが、私の頭の中でそれらの説明は像を結ばなかった。空き地だらけの浪江の駅前の空間のイメージに、いくつかの個別の情報と概念が関連づけられただけだった。緊密な襞の中に何度も入ってゆかなければ、隠されたものたちのパースペクティヴは見出されない。

その後、私たちは無人の荒野と化した請戸を見渡す浪江の霊園に立ち寄った。雨が降っていて風が強かった。周囲の草叢は、猪の糞だらけだった。正憲がここで一番線量の高いところに行こうと提案したが、私は線量計を持って来ていなかった。等は「俺は現実主義者だから……」とやんわり否定した。そこから請戸港に行ってから六号線に戻るのではなく、福島第一原発の方へ続く海岸沿いの建設中の道路を通って双葉に向かった。等が「行けるのか?」と聞くと、正憲が「行けるって。伝承館につながってんだ」と答えた。道は終わりの方が工事中だったが通り抜けることができた。こうして私たちは普通の人たちとは反対の海の方から伝承館の前に出て来た。伝承館と道路を挟んで南側は中間貯蔵施設だと正憲が言う。その向こう側は福島第一原発の敷地だ。運び込まれた放射性廃棄物が目隠しの白い囲いの中に入れられて見えないようになっていた。等がそれを見て「見学に行った人が、きれいだったよーて言う。隠してんだもん」と言った。

一二月二七日は日曜日だった。私は前日から浪江に来ていた。浪江町役場の敷地内の仮設商店街の中にカフェがあったことを思い出して行ってみた。そこは四年ほど前に等に連れて来られて、その後も等と正憲と地理学者のマリーと四人で来たことがあった。店主の洋子に聞くと、道の駅ができるから三月で出てくれと役場に言われて、無理を言って七月まで延長してもらい（道の駅は八月一日に開業した）、それを一二月までにしてもらい、とうとう二〇二一年二月で閉店することになったという。洋子はいわき市の泉に家を建てて、そこから通って来ていた。道の駅が開業して、仮設商店街は役目を終えたというのが役場の言い分だったが、キラキラ輝いて個性のない道の駅は観光施設であり、洋子のカフェのように地元の人たちが集う場所とは性質が異なっている。私には両者のカテゴリーは違って見えたが、行政の工程表では、恒久的な商業施設ができたので、仮設の商業施設は閉じられる。奥のテーブルには四人の中高年の女のグループがランチを食べながらおしゃべりをしていた。亡くなった前村長の妻と友人たちのグループだという。このカフェがなくなると、アルバイトをしていた人たちも、ここを溜まり場にしていた人たちも集まる場所を失い、洋子は泉から故郷の浪江に出てくる理由を失う。復興とは失われた日常を回復させることではなく、そのような雑多で煩雑な日常があったために実現できなかった事業に大きな予算を付けて規制を外して一気に実行することを言うのだ。私を洋子に取り次いでくれた地元に帰って来たという女が言った。建物がどんどん壊されて何処だったか分からなくなるんです……。

　私は一二月二六日にいわき駅前でレンタカーを借りて、久之浜まで来て、知り合いのラーメン屋で互いの近況などおしゃべりしてから双葉の伝承館に向かった。線量計の電源を入れて車を走らせると、富岡に入った辺りで表示が0・16、0・17と上がり始めた。富岡の商店街にあった時計屋の弘子が言っていたように、楢葉と富岡の間には見えない境界がある。正憲は楢葉まではいわきに買い物に行くが、富岡は原町に行くという。富岡の人といわきの人は性格が合わない。弘子は放射能の話をしていたが、正憲は社会的な距離について話している。とにかく楢葉と富岡の間にはいくつかの境目がある。富岡川を越えると線量は0・19、0・20と上昇して、その先の帰還困難区域に入ると0・21、0・23、0・25、0・29、0・30と上がって警報音が鳴り、一気に1・57に上がり、大野駅の近くは0・8前後で、そこを過ぎると3・0を超えた。車の外がどれほど高いのかは不明だ。双葉の伝承館へ続く道は新しく、遠くに立派な伝承館が道路の左手に、右手には双葉町産業交流センターの真新しい建物が見えてきた。伝承館の前の線量計の表示は0・057という何かが普通ではない数字を示していた。そこだけが異常に低い。

六〇〇円払って伝承館に入ると、黄緑色のウィンドブレーカを着た係の女が来て、これから映像が流れます。ここは写真撮影は禁止です。などと注意事項を言った。それを女が言っても威圧的な感じは消えない。まず西田敏行のナレーションを聞かされた。福島第一原発が地元に雇用をもたらし、日本の高度経済成長を支えたことを強調している。原発事故の前、原子力は地元にとっても、日本の経済にとっても有益な貢献をしていた。ところが事故が起こり、復興はまだまだ……と庶民的な俳優の声が、国家装置のストーリーを語る。展示されているのは、原発事故の時系列の展開、事故を止めるために勇ましく戦った人々、復興への挑戦、明るい未来。最後の展示室の右側の弧を描く壁は、復興の歩み、廃炉の今、福島イノベーション・コーストで終わり、左側の弧は、みらいのまち、県民によるチャレンジで終わる。だから出口の前は、右がイノベーション、左がチャレンジでストーリーが終わる。なぜ原発事故が起きたのかは問われない。ロボットスーツやドローンが私たちを明るい未来に連れて行ってくれる。だが現実の廃炉の工程は遅れ続け、九〇〇トンと言われるデブリの形状と成分は不明で、ロボットで取り出す予定のデブリの量は数グラムと象徴的だったが、それも延期されている（日本経済新聞2020・12・24）。

展示室を出ると、そこにはガラス張りのセミナー室があり、語り部がパワーポイントを使って何か話していた。部屋の一番後ろでさっきの制服の女が語り部を監視している。伝承館に雇われた語り部は「特定の団体」の批判をしてはならない。語り部は一時間の話をして三五〇〇円のバイト代を受け取る。東電を批判すれば外される。

伝承館の斜め向かいの双葉町産業交流センターも真新しくりっぱな建物だが、中身は貸事務所のスペースと土産物屋だけで空虚な箱物だ。伝承館の海側にはロボットが芝刈りをしていることが売りの広々とした芝生が広がっている。ロボットが働けば人手はいらない。ロボットとドローンを活用した夢の未来が演じられている。その夢の未来が双葉で始まるというイメージだ。どこかで見たことがある。伝承館の倉庫に仕舞われた「原子力明るい未来のエネルギー」の看板だ。核エネルギーが軍事的に夢のエネルギーだったように（Rhodes 2012）、ドローンはイスラエル軍とアメリカ軍が偵察と殺人に使ってきた夢の兵器だ（Gusterson 2016）。この技術の両面性をプロパガンダは語らない。伝承館と双葉町産業交流センターの間の新しい道は海の方へまっすぐ続くが、先の方は工事中で行き止まりになっている。

一二月二八日の午前中、私は浪江町の津島地区へ向かった。帰還困難区域に入ると車の中の線量計の表示は0・38、0・49、0・55、0・82、1・03、1・05、1・13、1・24、2・43と上がり、津島小学校や津島中学校の付近では1・25前後だった。伝承館の夢のような0・057の地点と比べると、広大な津島地区は復興への挑戦が行われない場所だ。復興の目玉の「福島イノベーション・コースト」と、復興が見捨てた放射性プルームが通った山々の差異は果てしなく大きい。補助金が投入され、除染され、廃棄物が運び出され、道路が建設され、美しい建築物が建てられ、夢の未来が語られる双葉の伝承館は、福島の未来をＰＲするが、浪江の津島地区には見捨てられた山々が延々と続く。人は誰も住んでおらず、出会うのは猿だけだ。美しく輝く復興の未来を担う廃炉とかロボットの部分と、放射能で汚染した津島の山々は、別々の世界ではない。キラキラ輝く未来を製作するために、放射能の森が生み出されている。

私は何を知ったのだろう？　それは難しいことではなかった。それは汚れを隠すこと、汚れを見えなくする仕組みに関わっている。明るい未来を製造するために、放射性廃棄物を捨てる場所がある。それは人里に近い場合はカモフラージュで隠され、遠く離れた場所では隠されることもない。放射能の森は、明るい未来の他我なのだ。

レヴィ＝ストロースは『悲しき熱帯』の終わりから三つ目の段落で、人間の文明は火を発明し、さらには核兵器を生み出して、人間は陽気に不活発（inertie）を増大させてきたと記す。この部分は一九五五年三月五日頃に書かれたと思われる。人形峠でウランが発見されたのは一九五五年。ＣＥＡがムナナでウラン探鉱を行ったのは一九五六年。ド・ゴール将軍は一九四五年一〇月にＣＥＡを創設し、リムーザンでは一九四六年からウランの採掘が始まっていた。一九五四年三月から五月にかけてアメリカはマーシャル諸島で六回の水爆の爆発実験を行った。その衝撃がこの省察の最後の三ページに刻印されている。レヴィ＝ストロースの言う不活発とはエントロピーの別名であり、文明が諸々の堅固な構造を解体する過程を研究する学問をアンソロポロジー（人類学）ではなく、エントロポロジー（エントロピーの学）と呼ばねばならないとレヴィ＝ストロースは書く。人間の営みはエントロピーを増大させてきたからだ。その直前の部分を訳出しておこう。

世界は人間なしで始まり、それは人間なしで終わるだろう。諸々の制度や風習や習慣など、私が目録を作って理解しようとして人生を費やして来たものたちは、一つの創造の束の間の開花でしかなく、人間がそこにおいて彼の役割を果たすことを可能にするかもしれないことを除いては、それにはたぶん何の意味もないだろう。この役割が彼に一つの独立した場所を示すどころか、人間の努力は、それが呪われたものであっても、普遍的な落下に虚しく抵抗するどころか、人間はそれ自身が一つのマシンとして、たぶん他の諸々のそれらよりも完成されたものとして現れ、原初の一つの秩序を解体するように働き、一つの強力に組織された物質を、常により大きな、そしていつか決定的になる不活発の方へと突き落とすのである。人間は呼吸し食物を摂取するようになって以来、火を発見してから、原子爆弾と水素爆弾を発明するまで、彼自身を再生産する時を除いては、陽気に無数の構造を統合が維持できなくなるまで分解することしかしてこなかった。確かに人間は都市を建設し畑を耕したが、考えてみれば、これらの対象物は、それら自身が、一つのリズムで、そしてそれらが関わる組織の量を無限に上回る割合で、不活発を生み出す宿命のマシンなのだ。人間の精神が創造した諸物に関しては、それらの意味は人間との関係においてしか存在せず、それが姿を消すや否や無秩序に溶け込んでしまうだろう。（Lévi-Strauss 1955：447-448）

人間は与えられた無数の構造を陽気に解体しながら世界の不活発を増長させて、自らの仕事には記念碑的な意味を与える。ド・ゴールの一九五九年の演説は典型的だ。「フランスの力と偉大さは……フランスの才能に従い、人類の幸福と友愛へと向けられた」（Jackson 2018：621）。アフリカのウラン鉱山の労働者たちは、この人類に含まれているのか？　福島では「原子力明るい未来のエネルギー」、「福島イノベーション・コースト」などと口ずさみながら、製造される綺麗な部分よりも大きな部分が破壊され汚れている。そうして生み出された不活発を捨てて隠すのは、原発や再処理工場のあるメトロポリスの周縁であり、ウラン鉱山や核実験場や最終処分場がある周縁の周縁だ。

人間はあらかじめ与えられた世界を軽快に分解しながら、絶対的な破壊力と比類なき快適さと増幅した欲望を追い求め、周囲に乱雑さの山を築いてきた。しかし私はレヴィ＝ストロースの不活発と無秩序の概念は隠喩だと思う。大気圏内核実験の放射能の影響は、人間のような多細胞生物とバクテリアのような単細胞生物では異なる。南太平洋の核実験場でバクテリアは生き延びる（Lovelock 1995a：37-38）。だから人間が目先の利益のために分解して不可逆的に乱雑さを増した世界は、バクテリアから見れば無秩序ではない。しかし私はレヴィ＝ストロースのペシミズムを受け入れよう。浜通りに『悲しき熱帯』を持ってゆくか、『ビーグル号の航海』（Darwin 2001［1909］）を持ってゆくか迷った末、私はダーウィンの博物誌的な日記を持って来た。一八三五年一一月一五日（現地の日付では一六日）。ビーグル号がタヒチのマタヴァイ湾に錨を降ろすと、人々の一団が男も女も子供も楽しげに笑いながらダーウィンたちを迎え入れた。男も女も見事な刺青をしている。ダーウィンは褐色の肌が白人の青白い肌よりも美しいことを知った……（Darwin 2001：360-362）。フランスは一九六〇年から一九六六年にかけて、アルジェリアの砂漠の中で一七回の核実験を行った後、一九六六年から一九九六年にかけて、フランス領ポリネシアで一九三回の核実験を行った。

森有正がこよなく愛したフランスが、紛《まが》い物に見える。彼は硬質で本物のパリで思索した。精神をもたないアルジェリア人を見るのが好きだった。彼らが生命の誕生と成長と欲望と快楽と幻想と死を純粋に体現していたからだ。一九八四年の晩秋。私は複雑な気持ちでサン・ジェルマン・デ・プレからシテ島の界隈を歩き、翌日シャルル・ド・ゴール空港から内戦が続くモザンビークに向かった。宇野邦一（1985：16-20）に指摘されるまでもなく、『バビロンの流れのほとりにて』の一九五三年一〇月九日に書かれたあの一節は、長いこと私に突き刺さっていた。「かれらの体全体は、再びかえらぬ時、あるいは、花咲くことなく枯れ朽ちてゆく時の嘆きを発散している。……僕はこういうアルジェリア人を見るのが大すきだ。かれらは思想をもっていない。精神さえもっていないのかも知れない。かれらは輝く太陽の降り注ぐ、まっ青な地中海に切り立つイベリアやアフリカ、あるいはコルシカの岩壁に生えている香り高いジュネヴリエやミルトの潅木のようだ」（森 1968：9）。何という妄想……間もなくアルジェリア戦争が始まろうとしていた。私は閾を踏み超えて森有正から遠ざかった。

二〇二一年の元旦の朝、私はレンタカーにスーツケースを積み込んで、富岡から楢葉の等の家に向かった。私たちは等の「兄様」が住む実家近くの八幡様で初詣をした後、下小塙の山道をぐるっと走った。もうそこには住む人はいない。だがそこには山の土地を買って廃棄物を捨てている業者がいる。等は廃棄物が捨てられている私的な処分場の入り口まで連れて行ってくれた。私が木戸ダムまで行こうとして通行止めだったことを話すと、等は迂回する道を通って木戸ダムまで車を走らせた。木戸ダムの南側の山には重機が運び上げられ、つづら折りの道が曲がるところから森の中に残土を捨てていると等が言った。私は放射性廃棄物は、焼却炉で減容した後、富岡の処分場や双葉と大熊の中間貯蔵施設に入れていると思っていたが、必ずしもそうではなかった。楢葉の里山や奥山にはこのような廃棄物や残土が捨てられていた。足の不自由な等が車で走り回る無数の「けもの道」の螺旋運動に同行しなかったら、私はそのことを知らないまま帰っただろう。二月七日の朝、私が浪江の洋子のカフェを訪れると、等と正憲が役場（旧浪江高校）の駐車場に居たのでびっくりした。前日そこに行くと言っていたので待っていたという。正憲は五〇年前に授業をサボって煙草を吸っていたという同じ場所で煙草を吸っていた。

謝辞

この作品は前作『原子力の人類学』（青土社、二〇一九年）と同様に、福島県いわき市の『日々の新聞』に二〇一九年一〇月一五日から二〇二一年一月一日までの三〇回に渡って掲載された「戸惑いと嘘」の三三回から六二回までに加筆して固体化した。一五ヶ月に渡って二週間に一度のペースで付き合ってくれた日々の新聞社の大越章子さんは、私の仕事にリズムを与えてくれた。ずいぶん遠くまで来たと言われ、そう思うが、先は遠い。

読者たちのフィードバックも私の文章と思考を鍛えてくれた。山科早英良さんは、文字で旅を追いながらいつも長い感想を送ってくれた。私の最近の人類学の学生と最近の卒業生たち、神尾悠介くん、山邊啓介くん、甲斐いづみさん、井上菜都子さん、植田彩乃さんは、それぞれの場所で考えたことをそれぞれの機会に伝えてくれた。

中谷和人さんは、その時々の直感を伝えてくれて嵌ることもあれば意味不明のこともあり楽しかった。

青土社編集部の足立朋也さんは感想と期待をいつも伝えてくれた。黒田征太郎さんは森のイメージにふさわしい鳥の絵を扉絵に使わせてくれた。福島第一で働いていた人の中にも読者がいて、調査中に期せずして出会った際に感想を伝えてくれた。妻の内山田かおりは、いつも美味しい食事で支えてくれた。

私はたくさんの人たちに助けられてガボンのムナナへ行くことができた。ヤニック、セドリック、ケヴィンが居なかったら、私はこのようにしてムナナを歩き回ることはなかっただろう。コロナウイルスのパンデミックのために、私はムナナに戻れなくなったが、その先に開けた人形峠ウラン鉱山、北海道の寿都、福島の浜通りへ向かう螺旋運動を可能にしてくれた全ての人たちとエージェントたちに心から感謝している。旅を続けるうちに、次の目的地が見えてきた。

二〇二一年二月七日

内山田 康

参考文献

1. 論文および著書など

Airault, Pascal et Jean-Pierre Bat 2016. *Françafrique: Opération secrètes et affaires d'État*. Paris: Tallandier.

Balandier, George 1957. *Afrique ambiguë*. Paris: Plon.

Bateson, Gregory 2002. *Mind and Nature: A Necessary Unity*. Cresskill: Hampton Press.

Blanc, Jaque 2008. Les mine d'uranium et leurs mineurs français: une belle aventure. *Réalités Industrielles*. Août 2008: 35-43.

Bourdieu, Pierre 1963. The attitude of the Algerian peasant toward time. In Julian Pitt-Rivers ed. *Mediterranean Countrymen*. La Haye: Mouton & Co.

Brunet, Philippe 2004. *La nature dans tous ses états: Uranium, nucléaire et radioactivité en Limousin*. Limoges: Presse Universitaire de Limoges.

Brunet, Philippe 2016. Les restes de l'industrie de l'uranium: Conflits autour de leur prise en charge. *Techniques & Culture, Suppléments*. n°65-66: 352-355.

Camus, Albert 1947. *La Peste*. Paris: Folio.

Castanier, Corinne 2008. GUEUGNON, Saône-et-Loire. CRIIRAD – Trait d'union n°40.

COGEMA 2000. Le Groupe COGEMA et le Développement Durable. Paris: COGEMA

CRIIRAD 2009. Contamination radiologique relevée en 2009 sur l'ancien site minier uranifère de COMUF-AREVA à Mounana (GABON). *Note CRIIRAD* N°09-118.

Darwin, Charles 2001 [1909]. *The Voyage of the Beagle: Journal of Researches into Natural History and Geology of the Countries Visited During the Voyage of H. M. S. Beagle*. New York: The Modern Library.

Deleuze, Gilles et Félix Guattari 1975. *Kafka: Pour une littérature mineure*.

Paris: Les Éditions de Minuit.

Deleuze, Gilles et Félix Guattari 1980. *Mille Plateaux: Capitalisme et Schizophrénie 2*. Paris: Les Éditions de Minuit.

Eco, Umberto 1979. *A Theory of Semiotics*. Bloomington: Indiana University Press.

European Parliament 2004. Questions parlementaires, 25 octobre 2004, E-1997/2004.

Feld, Steven 1990. *Sound and Sentiment: Birds, Weeping, Poetics, and Song in Kaluli Expression*. Philadelphia: University Pennsylvania Press.

Foucault, Michel 1969. *L'archéologie du savoir*. Paris: Gallimard.

Gathier-Lafaye, Françis 1986. Les gisements d'uranium du Gabon et les réacteurs d'Oklo. Thèse soutenue le 7 mai 1986 à l'Institut de géologie (Strasbourg).

Gell, Alfred 1985. How to Read a Map: Remarks on the Practical Logic of Navigation. *Man*, New Series 20(2): 271-286.

Gell, Alfred 1992. The Technology of Enchantment and the Enchantment of Technology. In J. Coote and A. Shelton eds. *Anthropology, Art and Aesthetics*. Oxford: Clarendon Press.

Gell, Alfred 1996. Vogel's net: traps as artworks and artworks as traps. *Journal of Material Culture* 1(1): 15-38.

Gell, Alfred 1998. *Art and Agency: An Anthropological Theory*. Oxford: Clarendon Press.

Gehriger, Res 2004. Gabon: Unregulated Mining Endangers Lives. *WISE/NIRS Nuclear Monitor* 616: 6-9.

Géraldy, Paul 1960. *Vous et Moi*. Paris: Librairie Stock.

Gusterson, Hugh 2016. *Drone: Remote Control Warfare*. Cambridge: The MIT Press.

Hecht, Gabrielle 2012. *Being Nuclear: Africans and the Global Uranium Trade*. Cambridge: The MIT Press.

Hecht, Gabrielle 2018. Interscaler Vehicles for an African Anthropocene: On Waste, Temporality, and Violence. *Cultural Anthropology* 33(1): 109-

141.
Hewlett, Barry S. and Bonnie L. Hewlett 2008. *Ebola, Culture, and Politics: The Anthropology of an Emerging Disease*. Belmont: Wadsworth Cengage Learning.
Jackson, Julian 2018. *De Gaulle: Une certaine idée de la France*. Paris: Seuil.
Kauffman, Stuart 1995. *At Home in the Universe: The Search for the Laws of Self-Organization and Complexity*. New York: Oxford University Press.
Lahm, Sally A. *et al* 2007. Morbidity and mortality of wild animals in relation to outbreaks of Ebola haemorrhagic fever in Gabon, 1994-2003. *Transactions of the Royal Society of Tropical Medicine and Hygiene* 101: 64-78.
Lévi-Strauss 1955. *Tristes Tropiques*. Paris: Plon.
Lovelock, James 1995a. *GAIA: A New Look at Life on Earth*. Oxford: Oxford University Press.
Lovelock, James 1995b. *The Ages of GAIA: A Biography of Our Living Earth*. New York: W. W. Norton.
Lovelock, James 2000. *GAIA: The Practical Science of Planetary Medicine*. London: Gaia Books.
Margulis, Lynn 1998. *Symbiotic Planet: A New Look at Evolution*. New York: Basic Books.
Mayr, Ernst 2001. *What Evolution Is*. London: Phoenix.
Mayr, Ernst 2004. *What Makes Biology Unique?: Considerations on the Autonomy of a Scientific Discipline*. Cambridge: Cambridge University Press.
Meshik, Alex P. 2005. The Workings of an Ancient Nuclear Reactor. *Scientific America*. 293(5): 82-6, 88, 90-1.
Mouandza, S. Y. L., A. B. Moubissi, P. E. Abiama, T. B. Ekogo et G. H. Ben-Bolie 2018. Study of natural radioactivity to assess of radiation hazards from soil samples collected from Mounana in south-east of Gabon. *International Journal of Radiation Research* 16(4): 443-453.
OCDE 1999. Aspects Environnementaux de la Production d'Uranium. Paris: OCDE.

Rhodes, Richard 2012. *The Making of the Atomic Bomb*. London: Simon & Schuster.

Sebeok, Thomas A. 2001. *Signs: An Introduction to Semiotics*, Second Edition. Toronto: University of Toronto Press.

Sherpa 2007. Rapport d'enquête sur la situation des travailleurs de la COMUF, filiale gabonaise du groupe AREVA-COGEMA.

Sherpa 2012. Uranium: Areva enterre les accords signés en 2009.

Simondon, Gilbert 2005. *L'individuation à la lumière des notions de forme et d'information*. Grenoble: Million.

Stengers, Isabelle 2011. *Cosmopolitics II*. Minneapolis: University of Minnesota Press.

Villien-Rossi, Marie-Louise 1978. *La Compagnie Minière de L'Ogooué: Son influence géographique au Gabon et au Congo*. Lille: Atelier National de Reproduction des Thèses, Université de Lille III.

Waggitt 1994. A review of worldwide practices for disposal of uranium mill tailings. *Technical Memorandum* 48. Canberra: Australian Government Publishing Service.

Wagner, Julien 2014. *Chine Afrique: Le Grand Pillage*. Paris: Eyrolles.

WISE 2004a. The inglorious legacy of COGEMA in Gabon - Decommissioning of the Mounana uranium mine and mill site. http://www.wise-uranium.org/udmoun.html (2019年11月29日取得).

WISE 2004b. Gabon: Unregulated Mining Endangers Lives. *WISE/NIRS Nuclear Monitor* 616: 6-9.

カミュ, A 1969.『ペスト』新潮文庫.

ドゥルーズ, G；ガタリ, F 2010.『千のプラトー——資本主義と分裂症（下）』河出文庫.

榎本益美 1995.『人形峠ウラン公害ドキュメント』北斗出版.

フーコー, M 編著 2010.『ピエール・リヴィエール——殺人・狂気・エクリチュール』河出文庫.

藤井勲 1985.『天然原子炉』東京大学出版会.

小出裕章 1995.「解説　無視され続けたウラン鉱山の危険」. 榎本益美『人形峠ウラン公害ドキュメント』北斗出版.

小出裕章 2001.「人形峠ウラン鉱山などの汚染と課題」. 土井淑平；小出裕章『人形峠ウラン鉱害裁判』批評社.

ミンコフスキー , E 1972.『生きられる時間 1——現象学的・精神病理学的研究』みすず書房.

三浦正幸 1972.「北海道春ニシンの消滅と内陸森林」.『魚と卵——さけ・ます資源管理センター技術情報』138: 35-43.

森有正 1968.『バビロンの流れのほとりにて』筑摩書房.

内山田康 2010.「カラスと食べ物を分け合う女」. 常木晃編『食文化——歴史と民族の饗宴』悠書館.

内山田康 2019.『原子力の人類学——フクシマ、ラ・アーグ、セラフィールド』青土社.

宇野邦一 1985.『意味の果てへの旅——境界の批評』青土社.

山本竜也 2014.『寿都五十話——ニシン・鉄道・鉱山そして人々の記憶』書肆山住.

2. 新聞記事など

AFP 2017. Areva au Gabon: Une histoire franco-gabonaise. *Connaissances des énergies*. le 22 novembre 2017.

Decraene, Philippe 1964. Le procès des auteurs du « putsch » de février s'ouvrira mardi à Libreville. *Le Monde*. le 24 août 1964.

The New York Times 2020. Job Losses Soar; Virus Cases Top World. March 27, 2020.

Vichney, Nicolas 1972. Un gisement d'uranium s'est comporté comme un réacteur nucléaire. *Le Monde*. le 27 septembre 1972.

Zecchini, Laurent 1984. Paris donne son accord de principe à la livraison d'une centrale nucléaire à Libreville. *Le Monde*, le 3 avril 1984.

北海道新聞 2020.「寿都『対話の場に 20 人』」2020 年 11 月 26 日.

日本経済新聞 2020.「デブリ取り出し延期」2020 年 12 月 24 日.

津山朝日新聞 2020.「人形峠のそれから　ウラン鉱床発見 65 年」1-5 回.

2020年11月24-28日.

3. テレビとラジオ番組、映画など

BBC. 2019. Gabon timber scandal: How 300 containers of kevazingo went missing. 22 May 2019. https://www.bbc.com/news/world-africa-48363680（2019年10月18日取得).

France 24. 2019. Gabon leader sacks vice president, forest minister. 22 May 2019. https://www.france24.com/en/20190522-gabon-leader-sacks-vice-president-forestry-minister（2019年10月18日取得).

Hennequin, Dominique 2009. Unranium, l'héritage empoisonné. Metz: Normandes TV.

Jacquot, Paul et Jean-Christophe Jacquot 2018. COMUF, MOUNANA, Année 75. https://www.youtube.com/watch?v=o-3754xcDhk（2020年4月19日取得).

Michel, Eric 2017. Mounana, les blessures invisibles. Paris: Docs 66.

RFI 2011a. Reportage au Gabon: Mounana, 40 ans d'extraction de l'uranium... et après?

RFI 2011b. Débat: Quand sera terminé le réaménagement de la mine d'uranium de Mounana au Gabon. « C'est pas du vent» le 29 mai 2011.

内山田 康（うちやまだ・やすし）

1955年神奈川県生まれ。社会人類学者。国際基督教大学を卒業後、東京神学大学を中退してアフリカで働き、スウォンジー大学、イースト・アングリア大学、ロンドン・スクール・オブ・エコノミクス（ロンドン大学）で学ぶ。エディンバラ大学講師を経て、現在は筑波大学教授。これまで、エチオピア、南インド、フランス、日本の東北地方で調査研究を行ってきた。自らを理解の道具としてフィールドに入る。単著に『原子力の人類学――フクシマ、ラ・アーグ、セラフィールド』（青土社、2019年）、共著に『未完のオリンピック――変わるスポーツと変わらない日本社会』（かもがわ出版、2020年）、『食文化――歴史と民族の饗宴』（悠書館、2010年）などがある。

放射能《ほうしゃのう》の人類学《じんるいがく》　ムナナのウラン鉱山《こうざん》を歩《ある》く

2021年3月 1日　第1刷印刷
2021年3月11日　第1刷発行

著　者　内山田《うちやまだ》 康《やすし》

発行者　清水一人
発行所　青土社
〒101-0051　東京都千代田区神田神保町1-29　市瀬ビル
電話　03-3291-9831（編集部）　03-3294-7829（営業部）
振替　00190-7-192955

印　刷　双文社印刷
製　本　双文社印刷

装　幀　山田和寛（nipponia）

ISBN978-4-7917-7362-6　C0030